人生需要經營，也要適度放過自己

文・圖／

王學呈

《新新聞》社長

目錄

職場の章 22

科技の章 188

人生の章 226

〔推薦序〕

偉大的成就來自於平靜的日常

我過去從事金融業，之後轉換跑道，創立風傳媒集團至今第六年。常有人問我：「金融業和網路媒體有什麼共通之處，吸引我悍然投注？」

我覺得金融業和新媒體都是快速變動、全年無休的產業。金融市場的日盤和夜盤接續，全球重要情資快速反應在盤面價格，瞬息萬變；而網路媒體也是繞著地球轉動，資訊的瀑布流無止無盡。速度正是迷人之處。

其次，金融業和媒體都是信任的產業。風傳媒集團的核心價值是「忠於真實，看見未來」。我投身媒體，就是希望

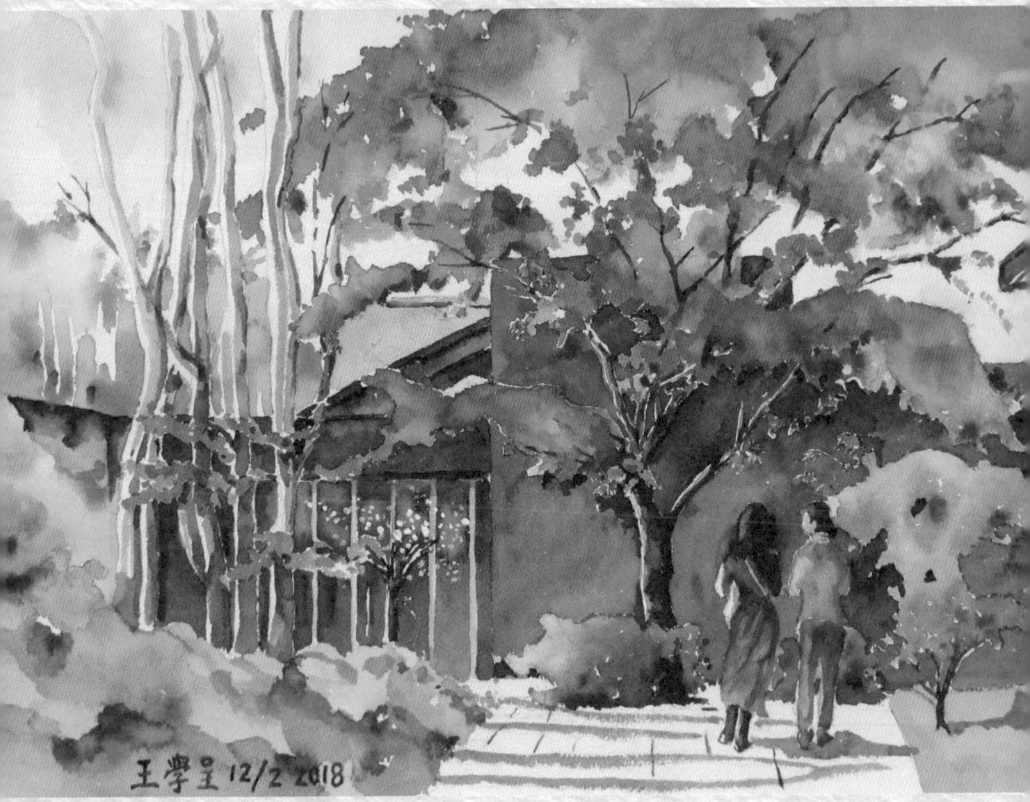

日本湯布院的紅葉

傳遞正確的訊息和深度的觀點，有助於社會的正向循環。正念帶來正果。

第三，金融業和媒體都是創新的產業。由於網路科技、數據工程和人工智慧的推陳出新，金融和媒體每季、甚至每月都有新的應用和平台產生，故步自封的人勢必遭到淘汰。風傳媒正著力於內容、數據、人工智慧和專屬會員的垂直整合，試圖以科技平台的精神，建立新的媒體商模。所有的嘗試都是有趣的。

最後，無論經營金融業或媒體，都需要平靜的心情。金融市場千頭萬緒，每一個決策和每一個流程都可能牽動全局；媒體每天航行在資訊的大海裡，尤其在社群媒體平台，每分每秒都有互動產生，平靜的心情才可能看到事情的真相，心平氣和、娓娓道來。

所謂的平靜，是平凡的日常，而不是偶發的非常。金融業靠著日復一日的誠信和程序，逐步累積客戶數量和資產規模；媒體靠著分分秒秒、字裡行間的真實，建立讀者的信賴。所有偉大的成就都來自於平靜的日常，像秋日的紅葉，也像午後和煦的陽光。

《新新聞》社長王學呈在本集團負責虛實整合的營運工作，並且每週撰寫〔社長與你〕專欄，分享他的經營心得和心法。適逢該專欄集結出書，我以本文呼應，祝他新書熱賣，洛陽紙貴。

張果軍（風傳媒集團董事長）

〔推薦序〕

不是強者，也可享受寂寞

因為學呈，開始重新閱讀中斷已久的《新新聞》，也重新認識王學呈。

以往學呈只是學弟，只是一介採訪者，是財經工作者，或是有品味的媒體人，但閱讀〈社長與你〉後，學呈變成一位有靈有肉的思想家、走入塵世的哲學家。

無可置疑，學呈接掌《新新聞》後，該雜誌有著不同的生命與方向，但〈社長與你〉卻更凸顯雜誌感性的一面。利用人生的小故事，細細訴說著一則又一則的哲理，引人入勝，如果契合閱讀當時的心境，感觸自又不同。在〈人生有

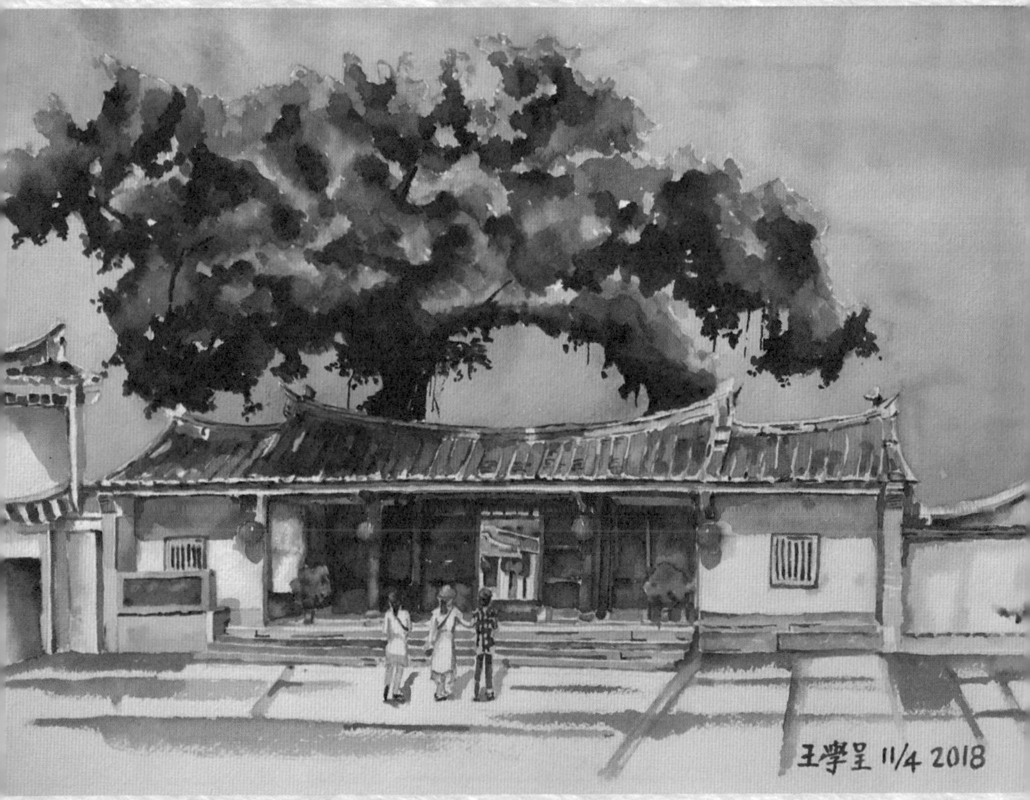

金門鎮總兵署，四百年的古蹟。

憾〉中，學呈分享他內心深處的禪意：清末名臣曾國藩晚年的書房叫「求缺齋」，求缺不求全，因為世事過於順心，必有後果。這是曾國藩經歷太平天國戰爭和宦海浮沉的智慧。我們與其祈求風平浪靜，不如及早覺悟，從容面對生活中的遺憾與缺陷，一但挫折和風暴來臨時，仍能維持心中的平靜，慢慢順化一切。最後學呈禪師總結：滾滾紅塵，悲喜本為一物，愛恨率皆無常。

強者必須忍受寂寞，在〈孤獨總經理〉中，學呈提到一位總經理朋友，要找外部的朋友，喝酒、聊天，藉此調適心情，尋求再出發。文末有一句話，「權力是謙卑的，權力也是寂寞的。」談的是朋友，恐怕也是很多領導階層的寫照。其實享受寂寞也是一種修為，學習獨處更是一門藝術，學呈恐怕已得個中三昧。

〈社長與你〉排在每期各項報導之後，也許是謙虛，也許是客氣，但總嫌捕捉眼球的力道不足。現匯集成冊，溫故果能知新，且能享受作者文筆與畫筆共舞之趣，爰樂誌數語為序。

陳冲

陳冲（新世代金融基金會董事長、東吳大學法商講座教授）

〔自序〕

我們都是平凡的人

構思這篇序的時候，我正在嘉義市出差，試圖爭取預算。當天下午我們找到一家花木扶疏的咖啡店，享受一個小時的悠閒時光，暫時拋開業務的壓力。那是一個美好的下午。

每次出差都是這樣，我都會安排一個小小的空檔，享受那個季節的春花秋月和當令美食。有時候，創意就在那個空檔出現，讓我們順利拿到預算，幫客戶解決問題。

我寫這本書的目的，就是要告訴所有在職場、情場和商場默默努力的人，如何預留空檔，適度放過自己，以更長線

嘉義市 王學呈 2/3 2019

和更完整的角度思考，讓人生有更大的緩衝和轉圜。在職場和商場打滾三十幾年，我深深明白，順境時而有之，逆境絕對存在。

當你因為逆境而受傷時，不要急著療傷止痛，耐心等待，只要時間夠長，傷口自然癒合。在等待的過程中，新的機緣會出現。塞翁失馬，焉知非福。

而順境是很弔詭的。當你做好一件事之後，別人給你更多的機會和資源，接下來就是更大的困難和風險。全力以赴是必然的，但市場是無常的，江湖是現實的。

我們不能因為畏懼風險而退縮不前，因為生命是奔放的。好日子和壞日子都要欣然面對，樂在其中。

就在所有的順境和逆境之中，在種種的成功和挫折之後，有一點點禪宗的心情是必要的。世間無常，時光總是無情地走過，既是如此，就放輕鬆吧，何妨讓事情變得有趣。

先要有趣，才會有效。在職場，這叫做創意；在情場，這叫做樂趣；在商場，這才是好的生意。

但我們畢竟是凡夫俗子，總有無數的顛倒是非和愛恨情仇，在不盡的江湖之中。這正是我寫這本書的初衷。雖是凡人之身，我們試著懷抱禪宗之心。

我喜歡你的平凡，因為我們都是平凡的人。我們放下執念，跟自己和好。

王學呈 1/1, 2019

職場の章

年薪五十萬元以下的工作，可以靠美麗；
年薪五十到一百萬的工作，要靠努力；
年薪百萬以上的工作，靠實力；
年薪二百萬以上的工作，要有貴人；
年薪三百萬以上的工作，不是你厲害，是你祖上有德。

日本京都，從鐵道陸橋俯瞰民宅的屋頂。

不要再提從前
歸零才能再起

台南市府前路的莉莉水果店。我陪一個好朋友吃薑汁蕃茄，她是四十歲的單親媽媽，自己帶一個女兒。風吹來冷冷的，她已經賦閒半年多了。

我問她：「休息六個月了，不打算去找一份工作嗎？」她說：「想啊！可是我以前是總經理，年薪超過四百萬元，現在不想降格以求，我想要等總經理的職位。」

不想降格以求，這大概是所有菁英族群在職場上最大的心理障礙。但這年頭，到底還有多少總經理和總編輯的職缺？媒體業正在整併，廣告資源被臉書（Facebook）和Google大量掠奪；零售業和電商被境外電商打得灰頭土臉；精品

莉莉
王學呈 11/26 2017

業和時尚業的重心移往中國大陸。台灣的六年級生和七年級生正面臨青黃不接的生涯壓力。

我常常跟這些朋友說：「可不可以不要再提從前？」因為那已經過去了，我們總要落地，總要歸零，才有可能再起。

在物聯網和人工智慧的催化下，製造業和消費端的點對點連結將愈來愈緊密。這樣的連結不只是島內的，而是區域的、全球的，中間商和中間庶務的職缺將愈來愈少。我的那位單親媽媽朋友，就這樣失去她的工作。

面對職場變動，我對中生代有幾個建議：

1、生於憂患而死於安樂。時時保持警惕的心，有這樣的覺悟，如果有一天你的老闆告訴你：「不好意思，我們要請你離開。」你不會心慌意亂。相處都是緣分，緣分盡了就是要分手。

2、備好一年以上的生活費用，因為中階以上的主管要找工作，可能需要三個月到半年的轉換期。你可以省自己，但是不能省家人和小孩。

3、與其依賴安眠藥或酒精，不如去找尋一個信仰。信仰可以長期支撐你，讓你平靜。

4、降格以求不一定不好，如果你可以跨到新的領域，學習新的技能，那就暫時削官減薪吧，回檔築底，吸收新的能量之後，通常可以再創新高。

5、請記得人工智慧和數據工程，這是未來的顯學，也是職場的基本能力，買書來看、去上課或者在實務上邊做邊學。

沒有人的人生是一路向上的，就算王永慶和許文龍這樣的企業家，他們的創業過程也是起起落落，只是外人不知道而已。這是多變的年代，不要再提從前。

務實真心話

人工智慧和數據工程，這是未來的顯學，也是職場的基本能力，買書來看、去上課或者在實務上邊做邊學。

再見，總編輯

舊的時代已經瓦解，新的機會正在形成

三年前（二〇一六年）的四月中旬，我和他一起在台北市羅斯福路一家二樓的餐廳吃義大利菜，窗外的木棉花盛開，光采照人。那時候我和他都是網路媒體的總編輯，我們興高采烈地討論如何滲透臉書的演算法，提高流量。

隔年八月，我離職了。再過半年，他也離職。再過一個月，另外兩家媒體的總編輯也辭職走人。不過短短半年多，就有四位總編輯做不下去，這應該不只是個人因素，可能是環境使然。

媒體和零售業這幾年的變化很大。二〇一四年，大家最常討論社群媒體的趨勢，臉書帶著新聞流量往上走；到了二〇一五年，臉書演算法的修改已經削減媒

王學量 4月24日2016年

體的流量；二〇一六年，爬文和影音串接等人工智慧浮上檯面；二〇一七年下半年到現在，數據工程和機器深度學習變成顯學。二〇一九年起，第五代行動通訊網路（5G）即將走入我們的世界，影像躍居主流。

媒體商模一年一變，不斷考驗總編輯的智商（IQ）和情商（EQ），既要維持內容的流量，又要調整內容的長相。因為流量沒了，就什麼都沒了，而長相不對，就無法產生收入。例如同一個故事用圖文檔？或用短影音？或用現場直播？製程不同，成本不同，效益也不同。

過去這五年，媒體產業面臨Facebook和Google的天網夾殺，流量操之於他人，廣告收入被分掉一半，有的媒體縮編以對，有的媒體回到紙本或電視的守舊思維，還有人引進人工智慧或數據工程等新科技，試圖在垂直的領域裡，鑿出一條新商模。

在這些摸索和變動的過程中，最先衝擊的就是站在前線的總編輯。現在的重點不是多少總編輯離職，而是未來我們需要什麼樣的總編輯？我們期待什麼樣的媒體？

媒體傳遞正確訊息，塑造未來夢想。而在即時、互動、分享、影音、人工智慧、數據追蹤運算等新元素的加持下，未來不管是大媒體或小媒體，必然是全媒體，大象和麻雀都有五臟六腑。

如果是這樣，或許媒體未來需要不一樣的總編輯。過去通常是採訪出身、文字見長的人擔任總編輯，未來的總編輯可能必須具備數據或程式的素養。不只是媒體，未來的零售百貨和通路等等，可能都需要新的總經理。舊的時代已經瓦解，新的機會正在形成。

務實真心話

未來的總編輯可能必須具備數據或程式的素養。

選對位置

不管變奏有多少，主旋律的地位不變

接近中午，基隆廟口賣紅糟肉圓和麵線的攤位已經做了好幾輪生意，客人沒有停過，一個接一個。像這樣的翻桌率可以從中午維持到晚上。

開店做生意，有兩個關鍵因素，第一是產品好，第二是店面的位置好。有時候位置比產品重要。一位擺攤的朋友跟我說：「位置好、市況熱的時候，連狗屎都可以賣掉。」

用更精確的話來說，鋪位不必大，但是鋪位必須好，位置比面積重要。好的鋪位即使只有半坪大，人潮必經，一天可以賣出三百杯以上的咖啡或飲品，營業額超過冷門地段的五坪店面。

麵線焿 40
紅槽肉圓 35
清麵線 25
2F
福
王學呈 2/4 2018

換成職場，鋪位就是核心部門的關鍵職能。年輕人進公司，要嘛進產品部門，研發先進的產品，例如科技公司研發中心的工程師；或者進入銷售部門，替公司產生收入，例如汽車公司的超級業務員，一年賣出一百部以上的車子。這兩個部門是公司的命脈，只有這兩個部門的菁英才有可能變成公司的總經理和董事長，其餘例如行銷、總務、財務和人資等等，最多升到總監或副總經理。

年輕人進入核心部門，就算剛開始的職位不高、薪水不多，努力練功，假以時日，百中選一的好手總有一天脫穎而出，變成公司的紅人，進入決策核心，就像商圈的黃金鋪位。

公司在產業版圖的排序也像夜市的攤位，站對位置很重要。例如一九八〇年代的錄影帶VHS和Beta爭雄，後來VHS因為錄影時間較長而勝出，追隨VHS的下游廠商因而得利；最近十年的智慧型手機戰場，勝出的是iPhone和三星系統，HTC等品牌沒落，壓對iPhone和三星的代工廠就水漲船高。

當然鋪位和產業排序並非百年不變。例如台北市天母西路商圈和五分埔商圈的沒落，就在一年之內發生，人潮消失，讓很多金店面的業主措手不及；而電動機車的強勢興起，正引發機車產業和能源業者的變動和轉機。

過去一個產業規格可能維持二十年或三十年；現在的世界變動加快，一個商模可能只有三到五年的榮景。通路的變動更快，周期縮短為一到兩年。

但不管市場的節奏有多快，變奏有多少，主旋律的地位不變，就像交響樂的主音，還有一幅畫的主色系，無可替代。永遠記得市場的核心舖位和關鍵能力。山不在高，有仙則名；水不在深，有龍則靈。

務實真心話

開店做生意，有兩個關鍵因素，第一是產品好，第二是店面的位置好。

穿越職場

穿梭於不同分眾和次元

我在找業務人員，每天認真看履歷表，每個星期面試。這年頭市場變化太快，我希望找個性靈活、功能多元的人。

看履歷表的時候，我腦中常浮現京劇的畫面。例如《霸王別姬》，描述西楚霸王項羽與虞姬在垓下的舞劍和訣別。好的京劇演員必須熟悉「唱念做打」四種基本功，「唱」是唱功，「念」是具有音樂性的念白，「做」是舞蹈化的形體動作，「打」是武打和翻跌的技術。名伶熟悉各種劇碼和扮相，能文能武，穿越千年。

後工業時代，專業和技術人員主導潮流，分工很細，每個人專注一種職能，

王學呈 4/29 2018

像輸送帶的環節。但二〇〇八年無線網路大量普及之後，跨國平台和人工智慧瓦解了過去的所有商模，電子商務壓迫實體通路，社群媒體和自媒取代傳統媒體，物聯網翻轉製造業，區塊鏈分拆金融業。

過去那些專注分工的人，例如銀行櫃員、移民律師和查帳人員，未來將如何？兩條路，第一條路是精益求精，成為業界千中選一或百中選一的好手，無可替代。第二條路就是學習跨界，從上游到下游的垂直整合，或者從左邊到右邊的水平聚集。以業務員為例，從創意發想到活動執行，從實體版面到數位載具，都必須熟悉，才有可能提案成功，結案收款。

我每次帶著同仁出去外面跑，看到一樣一樣的人力工作被平台超越、被機器取代，例如政治人物的聲量分析，或者記者會的逐字稿和現場影音串接，以及跨國財務報表的比對整合，機器做得快又好，真是膽戰心驚，經濟學家熊彼德（Joseph Alois Schumpeter）提出的「創造性破壞」，在我心中隆隆作響。

跨界不是一件容易的事，誰都不希望離開舒適圈，但未來世界真的容不下那多規格化的上班族，未來是個人化和分眾的世界。穿梭於不同分眾和次元，需要歸零的覺悟，以及出走的決心。但這樣的人真的不多，多數人想過從前的日子。

做好一件工作、就能夠過一輩子的時代，已經過去了。誠如京劇名角，六場通透，從小生到武生，或者扮青衣，演刀馬旦，載歌載舞，邊打邊唱，才有可能揚名立派。我們想在江湖待下去，就要有接戲的勇氣，演什麼，像什麼。

務實真心話

專注分工的人未來的路：第一條路是精益求精，成為業界千中選一或百中選一的好手，無可替代。第二條路就是學習跨界，從上游到下游的垂直整合，或者從左邊到右邊的水平聚集。

挑老闆就像選老婆

進對公司、跟對人

我最近參加很多婚禮，看到很多少年夫妻。挑一個好老婆不容易，需要努力，更需要緣分。好老婆跟你同甘共苦，一起創造人生；壞老婆毀掉你的後半輩子。

職場跟情場一樣多變。年輕人進入職場，重點就是「進對公司、跟對人」，要碰到一個好老闆（主管）不容易。好老闆通常具備三個特質：

第一，能夠成功。他兼具眼光和執行力，知道趨勢在哪裡，而且落地執行，獲取成果。如同奇異公司（General Electric）前執行長傑克・威爾許（Jack Welch）所說：「贏很重要，贏才有更多利潤和位子。」

王學呈 6/10 2018

第二，願意分享。他成功之後願意提拔你，跟你分享成果和獎金。有些主管成功之後，獨享成果，不分給下面的人。這樣的主管不能追隨，因為你分不到好處。

第三，個性正直。這是最難得的人格特質。正直的最低限度是不做違法的事，有些老闆為了商場利益，去走灰色地帶，運氣好沒事，運氣不好就出事。跟到這樣的老闆，風險很高。我有一位朋友當年因為台鳳的股票而出事，之後一直找不到正職工作。

正直的另一個定義是宅心仁厚，做事清清楚楚。職場競爭激烈，有人逢迎拍馬，有人拉幫結派。弄到最後，個性簡單清楚的人反而敵人最少，如果他的績效相對較佳，通常是這樣的人坐上最高的位置。

路遙知馬力，主管有沒有能力，大約六到九個月就可以看出來。日久見人心，人心比較複雜，通常要經過兩年，甚至三年以上的觀察，並且經歷景氣變動，才可以看出一個人是否堅忍正直。

你可以不結婚，你不一定要挑老婆；但你一定要工作，因為你要賺錢過日子。工作一定有主管，年輕人趁早挑一個好主管，事半功倍。如果你是中高階主管，挑老闆更重要，高階主管和老闆是命運共同體，好老闆讓你買樓房，壞老闆讓你住牢房。

務實真心話

好老闆通常具備三個特質：第一，能夠成功。第二，願意分享。第三，個性正直。

台青聰明，陸青精明

發揮特色，做出區隔

那年我在錢櫃集團工作。十月到上海出差展店，當天下午在浦東機場出關，坐上公司的派車，開車的是一位來自山東的青年，開車平穩。因為塞車，我在車上用手機聯絡事情。有一通電話是我跟台灣的秘書說：「我帶了虹吸式咖啡器具和咖啡豆，但是沒有酒精，所以今天沒辦法煮咖啡。」接下來我直接進錢櫃普陀店，參與開幕事宜，一直忙到晚上。回程經過魯迅公園（如圖），到梅山路的宿舍，開門進去，發現餐廳的餐桌上，放著一瓶藥用酒精，顯然是那位山東青年專程去買的，不是送到普陀店，而是靜靜地放在我宿舍的餐桌上，動作快速而且精準到位。

China
1920
3月4日2012年
上海魯迅公園 學呈

當時錢櫃在中國大陸有八十幾位台幹，中階以上的陸幹有兩百多位，通常台幹是店長，陸幹是副店長。跟他們相處一段時間後，我的感受是「台青聰明，陸青精明」。

在職場和商場，「精明」似乎比「聰明」厲害一些。就像那瓶酒精，就算台幹要做，絕對沒有那麼快速精確。直到今天，我跟兩岸的八〇後和九〇後青年接觸，台青還是聰明，而且比較善良。可能是爸媽實在太疼小孩，也可能因為台灣近兩年的鎖國和藍綠內鬥，台青的小確幸心態濃厚。因為台青實在太悶了，中國大陸最近頻頻祭出惠台措施，拉攏台青。中國由於市場規模和政策扶助，讓不少陸青除了精明之外，更多了氣勢和雄心。當年那些擔任副店長的陸幹，現在很多已經是當地KTV事業的總字輩。商人和高幹的命運繫之於國運，就是這個道理。

如果真的要比較陸青和台青的職場和商場策略，我覺得是「陸青要規格，台青要區隔」。台灣必須開放心胸，台青必須走出去。在華人市場，陸青有條件做大，追求規格；但限於客觀條件，台青必須做精，發揮特色，做出自己的區隔。

務實真心話

台灣必須開放心胸，台青必須走出去。台青必須做精，發揮特色，做出自己的區隔。

兼差，得不償失

工作必須專注

去年七月中旬，我在大阪逛黑門市場，經過一家鮮花店，店裡萬紫千紅。那是中午時分，人聲鼎沸，突然聽到有人叫我的名字，轉頭一看，一位以前的同事，他帶團在大阪旅行。

我沒想到他會轉行做導遊。以前他在公司就喜歡兼差（他的主管不知道），寫旅遊外稿、接案子，甚至為了兼差而請假出國。

他兼差的理由很簡單，就是為了多賺點錢。到底能夠多賺多少？據我所知，不管你兼一份工作或兩份工作，因為時間有限、假日有限，大約只能增加三分之一的收入。這到底值不值得？完全見仁見智。

HANATOM
王學呈 8/12 2018

以前的環境比較寬裕，兼差或許可以混得過去。現在的實體產業和傳統媒體面臨網路和人工智慧的競爭，大家都在縮編，如果你不夠專注，績效落在後三分之一，公司一年縮編、兩年縮編，總有一天輪到你。我的前同事就是這樣被資遣。

工作必須專注。我所認識能夠晉升到高層的，都是從入行開始就全力以赴的人。

與其長年兼差打零工，不如專心本業，成為百中選一或千中選一的高手。高手才有高收入，高手才能挺過每一波的景氣循環，並且站上浪頭，帶領風潮。

如果要發財，與其兼差不如學會投資，用命去換錢絕對有限。我認識的有錢人，很少靠薪水，幾乎都是靠投資，靠幾檔股票或一筆房地產翻身。當然投資要先有本錢，絕對不能融資，所以儲蓄很重要，先有第一個十萬元存款或百萬存款。要存款，就是要節省。

月光族因為錢不夠用，所以私下在外面兼差，又因為兼差不專注本業，所以在公司沒前途，始終無法升官加薪，這是一個惡性循環。

就像花店，好的花店可以向上發展花藝設計、會場布置，甚至開課教授插花。花店老闆如果分心去開餐廳，脫離自己的核心能力，通常是賠錢收場。

務實真心話

如果要發財，與其兼差不如學會投資，用命去換錢絕對有限。

吃飯的細節

愈能說故事，成交金額愈大

我請她吃飯，點了兩份炭烤小鯛。魚上桌之後，她說這是金山、石門附近的魚產，廚師炭烤之前通常都會撒鹽在魚身上，鹽不是用來調味的，而是保護魚鰭不被燒焦。

這就是吃飯的細節，也是樂趣。每一道菜都有故事，從食材的產地到烹調方式，以及不同季節的吃法，都是話題。跟這樣的人吃飯是有趣的。

我的業務團隊正在擴編，她來應徵資深業務人員。成功的業務人員都具備一種人格特質，就是與人一見如故、侃侃而談，自然而然地把產品或服務賣出去。愈能說故事，成交金額愈大。而吃飯談美食，是說故事的開始。

王学呈 10月22日 2015年

通常我面試高階主管或資深業務人員，都會請他吃飯或至少喝下午茶，感受他的磁場、聽他說話。有學問的人不見得有趣，但有趣的人通常有魅力。而魅力有多少？完全看細節。例如〈月光奏鳴曲〉的第一樂章和第三樂章，是完全不同層次的彈奏技巧；同一種魚類的炭烤或清蒸，完全可以看出廚師的涵養。

面試一個人，一定要問到細節，才知道有或沒有。例如她說她執行過某個成功專案，你一定要問到案子的人事時地物，還有起案的邏輯，才能夠確定案子是她執行的。

現階段流行個人化服務，這真的要資深業務人員才能夠勝任。以前的定型化商品，例如紙本的廣告版面和保險合約，的確可交由年輕的同仁去執行；現在定型化商品完全平台化，用電腦程式去執行，全年無休，萬無一失。而剩下的個人化高端服務，就要靠資深人員，一有人脈，二有專業，三有人生歷練，用高手去搞定熟客。

高手和熟客之間最後變成朋友，無可替代。例如吃飯，通常我只去熟識的餐廳，坐在吧檯跟主廚邊吃邊聊，聽他談食材和食藝，增廣見聞。弄到最後，主廚跳槽或創業開店，我也跟著轉檯。

務實真心話

成功的業務人員都具備一種人格特質，就是與人一見如故、侃侃而談，自然而然地把產品或服務賣出去。

孤獨總經理

權力是謙卑的，權力也是寂寞的

他是某大型企業的總經理，他約我吃飯聊聊。我們約在台北市大稻埕的某家居酒屋，夜涼如水，很適合吃日式燒烤、喝一點酒。我們包場，場內只有我和他。

我跟他不算太熟，一年聯絡一、兩次，因為彼此個性都直接，年齡接近，還算談得來。他找我，主要是因為公司經營遇到瓶頸，想找個人說說話。找我聊，有兩個理由：第一，我經營過類似的事業，他講的話我聽得懂；第二，現在我不是他那個圈子的人，完全沒有利害關係，找我談，很安全。

在這個向下壓縮的年代，毛利率和客單價持續下滑，擔任內需產業的總經理

紅
鉄幹
優等受賞
杜氏代表
鉄幹
鉄幹
優等受賞
杜氏代表
鉄幹
鉄幹
9/2 2018

是辛苦的工作。聊到後來，我問他：「這些話，你跟你的老闆說過嗎？」他說：「說過一、兩次，但不能說太多次。老闆也很迷惘，他需要有信心的幹部。」我完全懂。

這些話當然也不能跟公司的高階主管講。大型企業的內部競爭非常激烈，大家都想往上爬。總經理的心事只能跟外面可靠的朋友說，不可以讓有競爭關係的內部人知道。

部屬呢？他有好幾百個部屬，但他也不會跟部屬講這些深層的話。一大群部屬之中，話傳得很快，總有六根不清淨、賣主求榮的人。所有擔任過高層的人，大概都有被部屬出賣的經驗。被自己人出賣，特別殘酷。有一個老闆坐過牢，當年他行賄的資料，就是內部親信提供給檢調機關。

至於老婆，老婆有時候更不能說。男人的戰場，女人不一定懂，完全幫不上忙，說了，只是多一個人操心，無濟於事。

於是總經理需要幾個外部的朋友，說得上話的，陪他喝喝酒、聊聊天。回家睡一覺，天亮之後又是一條好漢，繼續尋找突圍之道。我很榮幸，他信任我。我還記得那天喝到深夜，他搖搖晃晃，獨自坐上計程車的身影。權力是謙卑的，權力也是寂寞的。

務實真心話

總經理的心事只能跟外面可靠的朋友說，不可以讓有競爭關係的內部人知道。

一萬個小時成專家

人生的學習曲線無從省略

百貨公司周年慶，一對年輕男女現場演奏大提琴和小提琴，曲目包括《愛你一萬年》等等。他們的技巧如行雲流水，神情自若，成功帶起嘉年華的氣氛。

一般人認為，琴棋書畫等技藝的練習是以年或月來計算。其實不是，所有的練習都是以「鐘點」（小時）為計算單位，大腦的理解和肢體的記憶是一次又一次累積出來的。

有人練鋼琴或學書法學了好幾年，三天打魚，兩天曬網，每次練不到一小時，鐘點數不夠自然學不成。機師和飛行員的訓練以「飛行時數」為計算基礎，道理就在這裡。音樂班和美術班的學生想要成材，每天八小時以上的練習是基本

王學呈 11/18 2018

款。每個鐘點都有意義，時間夠長，訓練才可以化為本能，並且出神入化。

我父親當年因為家境不好，十幾歲就離家，從苗栗到台北當學徒，學做家具和洋床，從一針一線開始學，每天至少工作十個小時，一周工作七天，晚上睡在工廠，只有農曆春節才放假回家過年。這樣的日子足足過了三年才出師。換算下來，大約習藝一萬個小時。一萬個小時才可以出師成匠。當年推動台灣經濟奇蹟的一批批黑手和匠師，就是這樣培養出來的。

科技時代，電腦和人工智慧可以縮短流程，但是專家的養成還是需要一萬個小時以上。專家的火候不只是技巧，還包括心性，以及對市場的經驗和直覺。你一定要經過一波景氣循環，經過一些挫折，才知道怎麼落地、怎麼變現。同樣的工作平台，資深工程師寫出來的程式，就是比年輕的工程師高明。經驗和磨練無可替代。

人生的學習曲線無從省略，這不像軟體升級，花點錢就可以從二．〇跳到三．〇，或者像汽車從二．〇升變為三．〇升。儀器和機器的背後是人的競爭，而人和人之間比的是心，心是磨出來的，一萬個小時不只練劍，更是練心。

務實真心話

專家的火候不只是技巧，還包括心性，以及對市場的經驗和直覺。你一定要經過一波景氣循環，經過一些挫折，才知道怎麼落地、怎麼變現。

人在江湖，心有三悟

有專業就不怕失業

常有年輕的同事問我：「出來工作，什麼最重要？」我的回答很簡單：「人在江湖，記得三件事：第一，顧好你的命；第二，顧好你的錢；第三，顧好你的專業。」

命最重要。黃金千條萬條，但命只有一條，健康無可替代。有些年輕的同事因工作情緒太緊張、飲食不正常而把胃搞壞，尤其是年輕女生，胃潰瘍的很多；年長的同事則是因太操勞而有肝病；有更多的人因為壓力而失眠，每天吃安眠藥。

台灣有某個集團，待遇普通，但是老闆把人當機器用，全年無休、日夜下達

そば基
王學呈 11/30 2018

指示。結果這個集團的中高階主管幾乎沒有一個是健康的，胃病、肝病、失眠、憂鬱症的一堆，還有人在公司中風差點掛掉。工作做成這樣，再高的職位和薪水都划不來。

第二個重點是錢。該賺的錢要拿到手，談薪水或拿獎金不要客氣；該存的錢要存起來，這樣才有本錢投資、累積財富。薪水是用來養家的，想致富一定要靠投資，而且是長期投資。

我身邊的有錢人，沒有一個是靠薪水致富的，全部都是投資或做生意。三十歲以後一定要投資，用十年、二十年的時間，去累積千萬元以上的淨資產，這是人生的老本，因為五十歲以後，你可能沒有正職的薪水收入了。

第三個重點是專業。前行政院長陳冲說：「有專業就不怕失業。」我今年十一月下旬去日本九州旅行，在別府看到一家蕎麥麵店，店門和櫥窗的擺設十分吸睛，我被吸引進去，那是一對老夫婦經營的，已經四十三年了。店內只有十來個座位，所有的料理都是手工現做，蕎麥麵的口感極佳、湯頭甘醇，生意很好，店內都是熟客。

能夠把簡單的家常料理做到平順入味，那就是專業。如果我們能夠擁有百中選一的專業，通常不會失業，永遠有人找你做事。

務實真心話

人在江湖，記得三件事：第一，顧好你的命；第二，顧好你的錢；第三，顧好你的專業。

個性比才藝重要

平靜和堅忍是贏家必須具備的性格

她是獨生女，今年從學校畢業進入職場。父母從小苦心培養她，進雙語學校、學鋼琴，人很漂亮又會打扮。

像這樣的年輕女生剛進入職場是很吃香的。但過了三、四個月之後，我看到問題了。她從小的條件太好，別人對她好都是應該的，一切以自我為中心。她逐漸樹敵，得罪同事和長官，公司裡面討厭她的人多於喜歡她的人，之後就離職了，到另一家公司擔任公關。公關要服侍很多人，自我中心的人做不久。

很多爸媽都有類似的情況，努力培養小孩的才藝，但卻忘記鍛鍊他們的性格。例如，有些父母把小孩送出去當小留學生，讓小孩有優異的英語能力，但小

王學呈
12/9 2018

孩沒有父母的身教，英語好了，性格壞了。

性格才是競爭力的核心。外語能力、財會觀念、電腦操作能力等等，都可以慢慢學習，只要有心都可以學會。但個性真的很難，江山易改，本性難移，平常大家都沒事，但到了緊要關頭，例如業務特別繁忙的時候，或者年終考評、人事升遷的關卡，所有的本性都出來了。

大企業在錄取新人或選拔主管時，最重視的項目就是人格特質。好的人格特質以公司為核心，不好的人格特質以自己為中心，為了自己可以犧牲別人。而人格特質從小就定型，俗話說「三歲看大，七歲看老」，就是這個道理。

歲末年終，我們在決定升官加薪的名單時，考量的重點通常只有兩個：第一是清晰的思維，第二是正直的性格。同時具備這兩項特質，才可以承擔責任，為公司解決問題。

每天清晨，我都到住家附近的小學操場慢跑。操場上有田徑隊在練跑，遠處則有軍樂隊的練習，那一圈又一圈的腳步、一次又一次的曲聲，所有過程的背後，不只是體力和才藝的提升，更是心性的鍛鍊。平靜和堅忍是贏家必須具備的性格。

務實真心話

大企業在錄取新人或選拔主管時，最重視的項目就是人格特質。性格才是競爭力的核心。

花香蝶自來

擁有實力，不愁沒有機會

歲末年終，又是挖角跳槽的季節。最近陸續有大企業和獵人頭公司開出職缺，有些朋友收到「見面聊聊」的邀約不免心動，私下問我應該如何因應？

多數人汲汲營營找工作，但少數優秀的人不必找工作，反而是工作主動找上門。就像花朵盛開，香味濃郁，蜜蜂蝴蝶圍繞。身在職場，只要本業做出績效，你的朋友會打聽，你的仇人也會打聽，大家都會知道。

出來混，所謂的名聲包含兩個元素：第一是績效，設法做到業界數一數二的績效，友軍來挖你，敵軍也會來挖你；第二是操守，尤其是中高階主管，帶人又管錢，操守非常重要。

學呈 12/16 2018

新工作值不值得考慮？考量的重點有兩個：第一是磁場，第二是成長。先講磁場，新老闆的人格特質和新公司的企業文化都必須打聽清楚，確定氣味相投，可以配合再往下談。年薪百萬元以上的工作，有一半的時間在跟人相處，磁場不合，再優秀的人都會陣亡。

第二是成長，包括收入的成長和專業的成長。朋友問我：「有人挖角，我的薪水該怎麼開？」我說：「至少加兩成，不用客氣。他們敢來找你，一定做過功課，做了準備。不開白不開。」

專業的成長更重要。好的職缺讓你接觸新的科技和新的做事方法，為將來三年到五年的前景扎下更厚實的根基。新工作如果只有薪資的成長，沒有專業的成長，或者沒有歷練管理職的機會，那不一定要去，因為沒有基本面支撐的薪資成長是很危險的，你拿不久。

我有一個朋友原本是大企業的工程師，跳槽去一家新創的小公司，薪水加三成還有股票，但不到一年，那家公司收掉了。我的朋友想回到原單位拿原來的薪水都不可能。

古人說：「梧高鳳必至，花香蝶自來。」好公司吸引好人才，好人才必有好的職缺。擁有實力，不愁沒有機會。

務實真心話

新工作如果只有薪資的成長，沒有專業的成長，或者沒有歷練管理職的機會，那不一定要去，因為沒有基本面支撐的薪資成長是很危險的，你拿不久。

寫給四十歲以後的你

好的機緣需要耐心等待

這幾年，台灣景氣停滯，產業不成長，很多人陷入中年迷思。不少我帶過的部屬找我談中年以後的生涯和生活。我覺得人過四十，要做到「兩出三多」。

「兩出」就是出家和出走。

出家是抱持信仰。不管你信什麼教，宗教讓你的心情有所寄託。有些人在四十歲之後步上職場高峰。站上高點，只剩寂寞，此外無他。四顧無人，困難無助的時候，信仰可以讓你平靜。如果你在這個階段無法擠上浪頭，今生大概就是如此，要習慣普通人的生活，信仰可以讓你自在自得。

出走是走出舒適圈，培養跨界混血的能力，讓你永遠立於不敗之地。現在的

王學呈
3月20日2016年

市場變化很快，一套武功無法讓你安渡十年、二十年，年輕人要勇於出走，甚至到國外待一段時間，吸收新的養分。樹根扎得又深又廣，樹才可能長得高大。

「三多」的第一多是多一點勇氣。有些事，明知可能受傷，也不要錯過，勇敢去做，例如在企業內部嘗試新的商模，或者去開發陌生的市場。付出，必有所得，總有一天修成正果。所有的努力和挫折都不會白費。

其次是多存一點錢。人是英雄錢是膽。未來的環境多變，多一些存糧，讓你在面臨變動時，可以暫時靠岸，停泊半年或一年，不怕港外的風吹雨打。好的機緣需要耐心等待，天晴之後再駕船出航。

第三是多愛自己一點。人過中年，周圍真心的人不多，多的是現實和算計。只有自己對自己好。對自己好包括兩個層面，一個是身體健康，與其在外面喝酒應酬，虛情假意，不如跟家人一起去運動；另一個層面是心情，善待自己，放輕鬆，這年頭沒有什麼輸不起的。

最後引用達賴喇嘛的話，做一個「快樂有用」的人。快樂是給自己和家人，有用是給公司和社會。願我們彼此都快樂有用。

務實真心話

人過四十，要做到「兩出三多」。「兩出」就是出家和出走。出家是抱持信仰。出走是走出舒適圈，培養跨界混血的能力，讓你永遠立於不敗之地。「三多」的第一多是多一點勇氣。其次是多存一點錢。第三是多愛自己一點。

寫給二十八歲到四十歲的你

把獨一無二的自己擺出來上架

我帶過很多二十八歲到四十歲的同事，這是人生最精華的階段，我常常跟他們喝咖啡聊天，談感情、工作和創業。摘錄重點，跟大家分享：

關於愛情：

感情和工作一樣，都需要經營，必須投注心力和時間。每天早出晚歸，假日在家睡覺和追劇，你永遠碰不到好對象。你必須多出去走動，例如常常去喝囍酒、去爬山或打球，讓別人看到你。獨一無二的自己，必須像夜市的糖蕃茄一樣，擺出來上架，曝光愈多，成交的機會愈多。

男人，可靠比帥重要。女人，好看也要好相處。挑選一個戀愛或結婚的對

王學呈 1月3日2016年

象，不要只看外表，有趣和有料才是重點。不管男人或女人，外表的效力只到四十歲。四十歲之後，美麗會消失，性格的缺點會變本加厲。

關於工作：

年薪五十萬元以下的工作，可以靠美麗；年薪五十到一百萬的工作，要靠努力；年薪百萬以上的工作，靠實力；年薪二百萬以上的工作，要有貴人；年薪三百萬以上的工作，不是你厲害，是你祖上有德。

找一份工作，不能只看薪水，成長空間才是重點。人在職場，不要太計較，多做不會吃虧，多做多成長，卓然有成之後，老闆自然給你加薪，如果這個老闆不給你加薪，別的老闆會來挖你，好人才永遠不寂寞。

關於創業：

出命的不出錢，出錢的不出命。如果有人要你出命又出錢，那肯定不是好的合作對象。記得多要一些技術股，因為青春和創意無價。

如果你想開店，不要急，先去擺地攤一個月，如果你的東西賣得掉，這表示你的產品是市場需要的；如果你的東西在地攤賣不掉，開店一樣賣不掉，那不是市場需要的。開店是豪賭，需要房租和押金，還有裝潢和存貨，外加人力成本，一個失敗就是好幾百萬元不見了，之後你必須打工很久才能夠還清債務。

務實真心話

出命的不出錢，出錢的不出命。如果有人要你出命又出錢，那肯定不是好的合作對象。記得多要一些技術股，因為青春和創意無價。

王學呈 11/5 2017

情場の章

可靠的男人不是「有車有房沒公婆」，
而是「有情有義有頭腦」。
追女生、找一個結婚對象，面白（有趣）比美白重要。
美白只有二十年的效果，有趣可以持續一輩子。
最怕碰到好看但不好相處的女生。

台北市萬華區剝皮寮，文創據點和約會聖地。

前女友

錯過，可能啟發了另一種領悟和機緣

他們是我的好朋友。女生是台大商學院畢業的高材生，男生畢業於政大法學院，出社會之後都在金融業工作，不同的金控，各為其主，彼此競爭搶單，但也相互欣賞，後來變成一對戀人，常常一起去參觀古蹟和博物館。

這段戀愛持續了一年多，後來散了。主因是女生的家境實在太好，男生覺得高攀不上，自己放手。

女生後來嫁給一位投資銀行家，現在遊走於美國和兩岸三地。男生也很厲害，靠自己的實力和努力，成家立業，幹到金控集團的總字輩。

今年春節，女生回台灣過年，透過臉書找到男生，竟然約他吃飯敘舊，男生

王學呈 2/19 2018

欣然赴約。前女友和前男友分手二十五年之後重逢，恍如隔世。長談之後，彼此互祝幸福，回到各自的世界。

他們的故事，我看在眼裡。我偶爾思考，如果他們當年在一起，現在會怎樣？原來不成功的戀情之後，也可以各別擁有幸福的人生。正如同我們在職場錯過的升遷機會、在商場上失去的合約，或者在股市錯賣錯買的行情、那些人生旅途中擦肩而過的機緣。

這對前女友和前男友擁有共同的人格特質，第一是絕頂聰明，第二是宅心仁厚。絕頂聰明讓他們能夠面對問題，耐心解決問題。而宅心仁厚讓他們的貴人和因緣不斷，儘管前一個對象走失，日後依然可以碰到合適的機會，從容經營自己的人生。

所謂「錯過」，可能是我們人生的修煉，而錯過之後的重逢或重得，則是個人修為的福報。例如賈伯斯（Steve Jobs）因為Mac電腦而錯失個人電腦的行情，但他走入娛樂影音領域，推出iPod，讓蘋果公司起死回生，之後再把通訊手機升級為智慧型手機iPhone，啟動了人類文明的手機時代。回過頭來看，Mac的錯過，可能啟發了另一種領悟和機緣。賈伯斯喜歡打坐，修習禪宗。

回來談談我的那對朋友。男生跟女生吃完飯之後的那晚，打電話給我，訴說人生的無常和變幻。我不禁翻出舊照片，努力描繪這對戀人第一次出遊的身影，古老的廟堂、年輕的眼神和笑聲，還有《楞嚴經》裡提到「歷經年歲，憶忘俱無」的境界。

這本來就是一個娑婆世界，那些我們曾經路過、錯過、交往過和努力過的成功和失敗，人物和環境。別君不似見君時。

務實真心話

所謂「錯過」，可能是我們人生的修煉，而錯過之後的重逢或重得，則是個人修為的福報。

謝謝你記得我的名字

盡力之後，得失隨緣

他年輕的時候追過她，沒追到。我們都是一九八九年那批的美東留學生，我在華府，他在紐約，她在波士頓。我們都攻讀法學碩士，同在異鄉，感情特別好。春天我請他們到華府，騎單車看櫻花，歲末我們一起在紐約跨年。

回台之後，我們進入不同的公司，從基層做起，成家立業，各忙各的，彼此的聯絡慢慢變少。

二〇一八年七月下旬，一位金控董事長嫁女兒的喜宴上，我們三個很巧地被安排在同桌。她先入座，他晚到，被引導到座位時看到她，叫出她的名字，她起身對他微笑，說：「好久不見，謝謝你還記得我的名字。」

7/30 2018
2/28 2017

我們三人前一次見面是二〇一一年，中華民國建國百年的慶祝酒會，那是八年前的事。再前一次是〇六年，我在錢櫃會所巡點，剛好他們在那裡唱歌。

這些年來，我們長大，很幸運地爬到企業高層，變得複雜，所有事情的周期和循環拉得愈來愈長，很像不同星系的星球，經過若干光年之後才交會，短暫的喜宴和歌唱之後，再回到自己的軌道，努力著，生活著，偶爾想起年輕的歲月和綻放的櫻花。

而他始終記得她，她也感謝他的記得，如同喜宴那天的起身和微笑。今生我們努力過卻得不到的東西太多了，何只一份年輕的追求。有些事情從來不屬於我們，只是當時不懂。得不到，可能是好的，我很清楚，她不適合他，就算強求到手，一輩子辛苦，人生不需要如此。

我們在商場活躍，找尋合作對象或追求一份合約，就像當年談戀愛一樣，盡力之後，得失隨緣，上天自有安排。事情失敗通常是因緣未具，有智慧的人應該回頭培養自己的實力，等待下一個循環的交會。

人生的可愛之處在於愛戀不成，情誼猶在。有時候，友情比愛情長久。後會有期，謝謝你記得我的名字。

務實真心話

今生我們努力過卻得不到的東西太多了，何只一份年輕的追求。有些事情從來不屬於我們，只是當時不懂。得不到，可能是好的。

就讓工作像戀愛

喜歡你的工作，就像喜歡你的男朋友一樣

她很漂亮，人緣很好。可是她大學畢業三年換了四個工作，做過社群小編，做過電商、活動企畫，也做過公關。她的工作很不穩定，感情倒是很穩固，一個男朋友交了三年，住在一起兩年。為了跟男朋友住在一起，她跟老爸溝通好幾次，爸爸剛開始激烈反對，到最後還是同意了。

她找我喝咖啡，問我：「工作為什麼這麼難做啊？」我直接回答：「工作像戀愛。你必須先喜歡你的工作，就像喜歡你的男朋友一樣，才有可能長久幸福。」

「喜歡一份工作」和「喜歡一個人」的標準是一樣的，就是「思念總在分手

王學呈 8/26 2018

之後」。

如果你下班後還會想起工作，思考如何把工作做得更好，這份工作應該具備誘因，讓你悍然投注；如果你下班和放假的時候，完全不會想到工作，那就是你對這份工作沒有熱情。

如果對於工作沒熱情，光靠著年輕光鮮的外型可以撐多久？根據我的觀察和經驗，最多三十五歲，因為不管你是小美女或小鮮肉，過了三十五歲，嬸味和叔味就出來了。更重要的是，到了三十五歲就是公司的中生代，很多人看著你，認不認真或有沒有能力完全藏不住，沒有人罩得了你。

歲月是一把很無情的刀刃。認真打拚的男人會老，不認真打拚的男人也會老；結婚生子的女人會老，不結婚生子的女人也會老。多數人都需要工作，如果工作無從逃避，最好還是趁早培養熱情，讓自己具備專業，在三十五歲以後依然能夠揮灑自如。情場的「痴心絕對」和職場「一生懸命」是同一件事，就是專注才能有所成就。

咖啡喝到最後，她問我：「能不能感情專注就好，工作隨意？」我說：「這年頭，男人不可靠，女人也不可靠，只有自己最牢靠。工作還是認真吧！家財萬貫和真情萬世，不如薄技在身。」

務實真心話

這年頭，男人不可靠，女人也不可靠，只有自己最牢靠。工作還是認真吧！家財萬貫和真情萬世，不如薄技在身。

如何停止悲傷

失戀和失業是多數人必修的功課

她失戀了，被甩了，三年的戀情和青春就這樣沒了，每天哭哭啼啼、以淚洗面。我怕她想不開，於是找她聊聊。我們約在台北民生東路的一家咖啡廳，秋光正好，馬路上的黃色欒花盛開。

我跟她說：「妳這樣不行，大家都被妳搞得很累，妳必須停止悲傷。」她說：「我會好起來的。我計畫去澳洲旅行，用旅行沖淡這一切。」我說：「妳才不會好，旅行只是短暫效應，回來以後又會想起過去。妳需要一場新的戀愛去覆蓋舊的記憶。」

記憶和悲傷的遺忘需要很長的時間，有人甚至一年之後還走不出情傷，比較

9/16 2018
王學呈 10/15 2017

快的方式是覆蓋和轉移，這叫做「以毒攻毒，以愛忘愛」。

職場也是如此。我有一個很優秀的高中同學去年夏天離開職場，生活頓失重心，每天在Facebook貼文，說東道西，私訊朋友問一些有的沒的。前一陣子他突然平靜了，後來我才知道，他在香港的金融圈找到一份工作，現在又是生龍活虎。

失戀和失業是多數人必修的功課。舊的失去之後，醞釀新的戀情或找尋新的舞台都需要過程，中間必有波折，但追求更好未來是應有的覺悟，不可以被眼前的挫折擊倒。

民初詩人徐志摩愛上林徽因，後來再婚陸小曼，元配張幼儀被遺棄。但張幼儀在此後的歲月裡，設法讓自己過得更好，接手管理上海女子商業儲蓄銀行，轉虧為盈；又經營雲裳服裝公司，做得有聲有色。徐志摩過世之後，張幼儀甚至參與編製台灣版的《徐志摩全集》。挫折之後的重生和再起，這是自我尊嚴，也是人生境界。

那天的咖啡喝到後來，她依然訴說著前男友的種種，我不時轉頭欣賞窗外璀璨的欒花。女人的愛情，男人的江山。如果你一直想著過去，就表示你現在過得不夠好；如果你現在過得很好，前男友和前公司就變得不重要了。

務實真心話

如果你一直想著過去，就表示你現在過得不夠好；如果你現在過得很好，前男友和前公司就變得不重要了。

二號男朋友

不要一直當備胎，要做真命天子

他最近新交一個女朋友，每星期至少約會一次。那個女生的工作能力很強，喜歡向日葵。他約會的時候，常常買一束向日葵送她。

不過他和她約會的時間，都是周一到周四或者周六、周日，從來沒有約過周五晚上。我問他：「幹嘛不約周五晚上？可以相處久一點，隔天不用上班，還可以連著周六。」他說：「周五晚上她常常要陪家人、上課或趕企畫案之類的，喬不出時間。」

我說：「周五晚上最關鍵，獨一無二的黃金檔期，其他的時間都可以調撥。你必須設法約到她的周五晚上，而且連續卡她三到四個周五晚上。如果做不到，

10/28 2018
王學呈 11/20 2016

你可能是二號男朋友，你前面還有一個一號。一號男朋友周五晚上專屬。」

日本女生把男朋友分成三種。第一種是司機，負責接送上下班；第二種是送禮物的，在情人節、生日或耶誕節送禮物朝貢；第三種是本命，周五晚上專屬，像花朵一樣美麗的金曜日，本命只有一個，未來要當老公的。我的朋友可能是第二種，痴情又悲情的二號男朋友。

二號男朋友總有一個期待，希望有一天晉升為一號。但是漂亮的女生通常很狡猾，同時握著好幾朵向日葵，手上永遠有備胎。當三個月的二號是純情，當一年的二號就是愚蠢。

追女生跟追客戶一樣，要有兩個覺悟：

覺悟一，佛性比不過人性。我們是跟人打交道，要以人性為考量。佛性太慈悲，度得了美女，度不了自己，到最後一場空。

覺悟二，世間無常抵不過黑白無常。世間無常是佛陀，因緣際會；黑白無常是陰間使者，手到成擒。情場和商場很現實，想要約到周五晚上，或者想成交，就必須用手段。

這樣的覺悟，需要人生歷練。當二號男朋友只是權宜之計，最多三個月，不行就停損出場，天涯何處無芳草。既是男子漢，就要做真命天子。

務實真心話

二號男朋友總有一個期待，希望有一天晉升為一號。當二號男朋友只是權宜之計，最多三個月，不行就停損出場，天涯何處無芳草。

美女的三不兩要

知道自己要什麼、不要什麼

她是我以前的同事，二十七歲，長得很秀氣。她最近跟一個男生去日本奈良旅行，五天四夜。不過，那個男生不是她的男朋友。

我問她：「兩個人一起旅行五天四夜，不是男朋友，是什麼？」她說：「他是我的藍粉知己。我們一起旅行，但是不同房。我有好幾個藍粉知己。」藍粉知己，就是那種「友達以上，戀人未滿」的男生。

男生肯定對她有所期待，才會在她身上花那麼多時間。我問她：「你如何周旋在幾個藍粉知己之間而不破局？」她說：「就是搞曖昧啊！讓他們覺得自己有希望，但是又不跟任何一個定下來。」

王學呈 11/11 2018

為什麼不定下來？基本上，她是那種非常具有現代感的「三不女生」——不結婚、不生小孩，而且不需要男朋友。在我帶過的部屬裡，這種女生頗多，從二十幾歲到四十幾歲都有。三不女生可能起源於三個原因：

1、她們來自單親家庭，從小父母離異，對婚姻沒有信心。

2、現在的男生有一些草食男和媽寶，讓女生很害怕。有的男生第一次約會就跟女生go dutch（各付各的），甚至有男生住女生的房子、跟女生借錢。

3、現代的工作確實艱難，一個人當三個人用，大家都自顧不暇，沒有心情玩非君莫屬、天長地久的愛情遊戲。

不過三不女生並不是什麼都不要，她們要兩樣東西：第一是前途，第二是錢財。因為今生要靠自己，所以工作格外賣力，希望躋身高層。例如那位去奈良的女生，她今生的目標就是成為大公司的總經理。至於錢財，三不女生通常是很好的業務，手腕高明而且很會存錢、買股買房。

三不兩要，就是殺手性格，知道自己要什麼、不要什麼，絕不遲疑。在職場和商場，這樣的女生通常是好手，可以幫公司解決問題。至於寂寞，時而有之。

所以她們需要藍粉知己。

務實真心話

「三不女生」——不結婚、不生小孩，而且不需要男朋友。三不女生並不是什麼都不要，她們要兩樣東西：第一是前途，第二是錢財。在職場和商場，這樣的女生通常是好手，可以幫公司解決問題。

可靠的男人

聰明是一輩子的事

我上書法課時，接到她的電話。她是我的前部屬，現在三十一歲，最近有個男生在接近她，她有點動心，她想確定這個男生是否可靠？能不能當做結婚對象？所以打電話請我指點迷津。

老男人容易看穿年輕男子。根據我閱人的經驗，可靠的男人可以從四個地方看出：

1、看他如何跟父母相處。求忠臣於孝子之門。感恩圖報是一種很可靠的人格特質。孝順的男人不一定牢靠，因為有的人是媽寶。但是不孝順的男人一定不牢靠，忘恩負義的人很容易拋妻棄子。

3月16日2014年
左營眷村 學呈

2、看他怎麼處理錢。入不敷出，有卡債、有消費性貸款的男人，絕對不考慮。可靠的男人能賺錢，會存錢，願意承擔家人的開銷和生活。不懂賺錢、不會賺錢的男一定不能嫁，貧賤夫妻百事哀。

3、看他怎麼處理挫折。人生不可能一帆風順，可靠的男人在受挫時，也能讓人感到優雅而且堂堂正正。這樣的人即使處於低潮，也不會讓妳受苦。

4、看他聽不聽明。聰明比帥重要，帥和漂亮都有保鮮期，但是聰明是一輩子的事。聰明的人能夠創造機會，跟聰明的人在一起很有趣，笨蛋真的讓人難以忍受。

男生如果具體這四項特質，假以時日，一定會擠進社會排名的前五％。前五％的人支配八〇％以上的資源和財富，出將入相。選擇這樣的男人就像倒吃甘蔗，漸入佳境。可靠的男人不是「有車有房沒公婆」，而是「有情有義有頭腦」。

我常常去南部眷村畫圖，欣賞並感受眷村的陽剛氣息，看看陽光下晾曬的筆挺軍服。我接觸過的成功男人通常具有軍人性格，正直磊落，做事徹底，對自己的事業和社會有相當高的使命感。有使命感的男人，通常是可靠，而且可以長久相處的男人。

務實真心話

可靠的男人可以從四個地方看出：看他如何跟父母相處、看他怎麼處理錢、看他怎麼處理挫折、看他聽不聽明。

想結婚的女人

有趣比美白重要

他今年三十七歲，擁有台灣和美國紐約州的律師資格，想結婚，卻一直找不到合適的對象，他覺得很困擾。我對他說：「你要避開不想結婚的女人，去找想結婚的女人。」

不想結婚的女人有兩種：

1、現在二十五歲左右的女生。多數男人很喜歡追這種女生，因為青春洋溢，活潑美麗。但這種女生初入社會，她的人生才剛開始。她跟你約會，跟你去旅行，接受你送的生日禮物，但不會嫁給你。很多男人耗了一、兩年之後，傷痕累累，空手而歸。

12月20日2015年

2、超過三十五歲，而且已經置產的女人。這種女人多半已經看破紅塵，打算自己一個人好好過日子，她們需要舞台，追求錢財，可能有情人，但絕對不想變成人妻。追這種女生，失敗率很高。

想結婚的女人可能介於二十八歲到三十二歲之間，她們經過人生，曾經遭遇挫折，心態比較務實。如果她想跟你結婚，可以很快決定。追這種女生，成或不成，很快就知道。

找一個結婚對象，面白（有趣）比美白重要。美白只有二十年的效果，有趣可以持續一輩子。最怕碰到好看但不好相處的女生，美麗只到四十歲，之後你要忍受她的壞脾氣到八十歲，絕對划不來。

約女生，時機很重要。週五晚上是最棒的黃金檔期。如果她連續三個週五晚上願意跟你出去，這表示你是她的首選，勝算很大。

女人比男人精明，女人最討厭吃虧。跟女生在一起，不要讓她覺得吃虧，凡事多讓一些，多付一些，多做一些，包你平安幸福。

女朋友願不願意嫁給你，家人是關鍵。如果他願意花時間跟你的家人相處，例如陪你媽去買菜，常常去醫院看你爸，甚至到你家幫忙做家事、洗衣服、曬衣服。做家事是持家實力的展現，也是成家意願的表達。此時，男人應該把握時機，把她娶回家。結婚也需要衝動，稍有遲疑，時機可能就錯過了。

務實真心話

美白只有二十年的效果，有趣可以持續一輩子。最怕碰到好看但不好相處的女生，美麗只到四十歲，之後你要忍受她的壞脾氣到八十歲，絕對划不來。

林本源園邸 王學呈 1/27 2019

商場の章

經營企業要有兩味，
一個是錢味，另一個是禪味。
禪宗的心境包含兩個元素，
一個是如常，另一個是等待。
商場解決不了的問題，
通常可以在生活中得到創意，找到解方。

新北市板橋區林本源園邸，一百多年前的台灣首富住宅。

迫切的新商模

商人的命運，繫之於國運

清晨，京都車站，火車緩緩啟動，沿著鐵道駛向遠方。

軌道是百年前鐵路運輸和經濟成長的主軸。到了今天，網路是經濟發展的重心。台灣因為地小人稠，生活太方便，過去十年在網路應用的發展遠遠落後美國和中國大陸等地區，再加上鎖國的政策心態，形成經濟成長的斷點，這是現在年輕人低薪的主因之一。

隨意到京都、首爾和上海等地旅行，看到當地手機支付的普及、數據資料的應用以及人工智慧的演化，都可以明顯感受到台灣競爭力的弱化。

舉例來說，十年前台灣蓬勃的電視購物頻道和網路電商，竟然在蝦皮購物的

奈良
王學呈 10/3 2017

手機攻勢下，毫無反擊能力；台灣媒體在臉書和Google等跨國平台的夾殺下，淪為內容的代工廠，薪資停滯；量販店因為淘寶的強攻，賣股求全。

過去幾年，台灣的政策主軸陷在藍綠惡鬥、一例一休和非核家園等意識中，製造業無法擺脫代工和壓低成本的宿命，零售業持續周年慶和折扣戰的思維，年輕人滿足於小確幸。

未來三年內，數據經濟和人工智慧的發展，勢將壓縮低階例行工作（例如銀行櫃員）的空間；物聯網的去中間化過程，則會瓦解代理商和盤商的生態系統；分享經濟的擴張，必然奪走眾多勞動者（例如計程車司機）的工作。

趨勢一旦形成就無法扭轉，只能順勢而為。眼睛向前看，如果我們的政府和民眾對此沒有覺悟，未來必然是更高的失業率、萎縮的國民生產毛額（GDP）以及更高的國債和地方債務。

台灣過去四百年來得以存活發展，靠的是開放的心胸，以及靈活的政策和商業手法，依賴全球廣大市場，賺取外匯，供養二千三百萬人。而今在新經濟的浪潮下，我們反而失去過往的勇氣和創意。

政府的責任是營造良好的經營環境和生活空間。企業家的使命是創造就業機會，提高國民所得。而身為普通人的我們，應該努力追尋安身立命之道。

商人的命運，繫之於國運。台灣新經濟的企業家在哪裡？政府的決策在哪裡？面對數位經濟和數據經濟的來臨，我們的新商業模式和新軌道在哪裡？台灣這輛火車究竟要駛往何方？

務實真心話

未來三年內，數據經濟和人工智慧的發展，勢將壓縮低階例行工作的空間；物聯網的去中間化過程，則會瓦解代理商和盤商的生態系統；分享經濟的擴張，必然奪走眾多勞動者的工作。趨勢一旦形成就無法扭轉，只能順勢而為。

茶花

根有多深，樹就有多高

陽明山的茶花開了。挑一個有陽光的午後，我從山仔后慢慢步行到陽明山的後山公園，沿途看到粉紅色的茶花在風中搖曳。

年年上山賞花，賞出兩個心得。心得之一，茶花的花芽在開花前的一八〇天到二四〇天就決定了。換句話說，花朵的數量在花季前的六到八個月就成定數，這是自然界的定律。花季半個月，養花至少六個月。

心得之二，茶樹的高度和寬度，跟它的根部成正比，根有多深，樹就有多高。根部和樹冠對稱，這也是自然界的定律。基本面支撐表面的榮景，有多少工夫做多少事。

2月14日2016年 1/21 2018

很多人喜歡撿現成的。春節前到花市買盆花，枝葉繁茂，花朵璀璨，但是只美麗一次。花謝之後，整個植栽失去光澤，隔年開不了幾朵花，甚至完全枯槁。因為盆花沒有深厚的土壤，沒有施肥，沒有陽光和露水，長不高，也活不久。想要盆花長青漂亮，必須施肥，兩年至少換土一次。

買盆花的道理也可以延伸到股票和生意。做股票跑短線，聽消息，看技術線形，但不看基本面，不重視產業趨勢，到最後就是住進套房；開店做生意，沒做出產品特色，店面位置不好，價格區間不對，放鞭炮熱鬧開幕之後，頭一個月靠親友捧場，之後每況愈下，最後就是倒店收攤。

套用佛家的一句話：「菩薩畏因，眾生畏果。」養花是因，賞花是果；上市公司的基本面是因，股價是果；開店的商品是因，盈虧是果。有智慧的人耐心鋪陳因緣，果報自然到來；凡夫俗子倒果為因，自尋煩惱。

北宋詩人黃庭堅有一段前世今生的覺悟。他認為自己前世是熟讀詩書的女子，因病早逝，轉世變成他。宿昔有緣，前世女子的苦讀成就了今生黃庭堅的功名和文學造詣。這段轉世公案感動了很多讀書人，清代詩人毛俟園因而寫出「書到今生讀已遲」的名句。這輩子要用的書，上輩子就應該讀好，功名和功業都來自於長期的努力，不只今生，還需前世。

企業負責人打造商業模式，也要有因果思維。頓悟不離漸修，創意的浮現可能只在一瞬之間，但底蘊的累積絕對是長時間的。

正如同陽明山萬紫千紅的茶花，因緣具備，時機成熟，心願自然成真。東風夜放花千樹。

務實真心話

做股票跑短線，聽消息，看技術線形，但不看基本面，不重視產業趨勢，到最後就是住進套房；開店做生意，沒做出產品特色，店面位置不好，價格區間不對，放鞭炮熱鬧開幕之後，頭一個月靠親友捧場，之後每況愈下，最後就是倒店收攤。

漢字的個性

協調的智慧

要過農曆春節了，我在家裡寫春聯。期待狗年順風順水，寫了「戶沐春陽」四字春聯，隸書字體，莊重厚實。

我一直覺得文字和建築反映一個民族的內在性格。漢字有三個特色值得一提：

第一、鄰而不接，要留餘地。以「沐」字為例，左撇要寫到三點水的中間，這樣結構才扎實，筆畫相鄰，但是不能碰在一起，相容而不衝突。

漢民族的性格也是如此。做人要留空間，彼此客客氣氣；做生意只要取得優勢即可，要留餘地，不要讓對手活不下去，否則對手全力反撲，不計代價，最後

戸沐春陽

一切變成灰。《孫子兵法》有云：「圍師遺闕，窮寇勿迫」，圍攻敵人，留一個缺口，讓他逃跑，不要激起敵人必死的決心，否則到最後必成慘勝。

第二，注重整體，字與字之間是協調的。「戶」字的筆畫少，比較輕，「沐」字的厚度就要多一些，讓畫面有重心，「春」和「陽」之間也有協調，彼此互補。寫書法就像畫圖，無論大字或小楷，整篇成為一體。

漢民族重視團隊，棒打出頭鳥。西方文化容許個人主義，崇拜英雄，但是漢文化是先有團隊的成功，才有個人的榮耀。英雄和能臣是依附於團隊和家族的。

第三，漢字的迂迴性格。以隸書為例，欲右先左，以退為進；還有一波三折，象徵人生和世事的多變；以及蠶頭雁尾，先潛藏再飛揚，大器晚成。

這樣的性格有很明顯的老莊色彩。老子《道德經》提到「曲則全，枉則直」，挫敗和曲折到最後，反而成就人生的完美。

漢字起源於六千年前的陶器符號，中間經過甲骨文、篆書、隸書和楷書的演化。每一個漢字都是圖案，菁英階層在書寫這些圖案時，加入個人的主觀想法和美學布局，形成漢字文化和漢民族性格。用現代科技的角度來看，漢字的結構就是漢人的性格密碼（code）。西方文字是字母的組合排列，不是圖案，沒有書法，沒有文字的性格密碼可循。

古代人有所謂的「字如其人」、「心正則筆正」。看一個人寫字可以看出他的性格，例如細不細心、有沒有耐心。但是這套現在已經不靈了，現代的年輕人習慣打鍵盤，習慣手打輸入，手寫和手作已經變成絕學，只能在故宮博物院裡欣賞。

務實真心話

挫敗和曲折到最後，反而成就人生的完美。

奈良的鹿

有了深厚基底，還要輕鬆以對

到了日本奈良，多數人最初始的印象可能是在宮牆旁或草原上行走的鹿，跟著你，一直跟你要仙貝吃。奈良鹿從第一代繁衍到現在，已經超過一千三百年，目前奈良的鹿有一千四百多頭，母鹿的數量是公鹿的兩倍。

奈良有千年古剎，有國寶級佛像，有茂密的森林，但人氣最高的卻是鹿。因為鹿有溫度，跟你互動，鹿有樂趣。奈良市充分利用鹿的特色，行銷奈良，老少咸宜。

談到行銷這件事，日本人顯然比台灣人和韓國人高明一些，懂得用輕鬆的方式打動人心。例如像選舉這種嚴肅的事，日本人參選公職，必須先學會唱卡啦

5/14 2017

OK，後援會的場合，候選人一上台，先唱兩首歌，帶動氣氛，萬旗揮舞。在日本搞政治，不會唱歌是不行的。

而台灣二〇一八年的九合一選舉，參選爆炸，才到初選階段，同室操戈，殺到見血見骨，例如台南市和嘉義市手段激烈，同志反目。搞政治或做生意，或許可以輕鬆一點，因為輕鬆才可能有創意。解決問題，需要創意。

輕鬆和樂趣，需要時間培養。日本明治維新（一八六八年）以來一百五十年，除了二次大戰期間之外，大部分時間一直累積國力和財富，富過三代，才懂穿衣吃飯，日本人比韓國人和台灣人優雅，可能是因為時間的累積。

而台灣和韓國這四百年來，統治者來來去去，很少有時間做自己的主人。即使本土政權興起，仍然擺不開悲情性格，離不開負面操作的慣性，選舉場合要嘛哭哭啼啼或者捶胸頓足。

而在商場上，日本畢竟還是技術的上游，擁有市場和超額利潤的優勢，台灣和韓國目前仍是追隨和代工的角色，想要搶單只有殺價，市場是拚著命搶來的。

彎道超車不是沒機會。例如韓國娛樂和電影這幾年就靠著數位和動畫科技，搶下全球市場，人工智慧和物聯網等科技正在改變各國的產業排序。而尋找超車彎道有一個要訣，就是放輕鬆。

台灣人很硬頸，但是不輕鬆，做事一窩蜂。看看選舉期間的雷同招式，以及九份到墾丁如出一轍的藝品店、手搖杯和豬血糕，就知道台灣人有多無趣。

當然，樂趣只是標章，行走江湖，真的要有武功。例如奈良，去掉古樸寺廟和莊嚴佛像，如果只剩下鹿，奈良就不是奈良了。

務實真心話

搞政治或做生意，或許可以輕鬆一點，因為輕鬆才可能有創意。解決問題，需要創意。台灣人很硬頸，但是不輕鬆，做事一窩蜂。

企業的性格

領導不是科學，是藝術

沒想到會在平溪遇到他。他是某金控的人資長，幾年沒見面了，於是我們在水岸旁的咖啡店坐下，吹吹風，看看藍天，聊聊彼此。

受到數位化的衝擊，他的金控正在縮減分行、裁減櫃員人數，但年輕的二代企業主拿不定主意，這正是他的煩惱，於是跑到平溪散心。

他說：「小老闆和老老闆的性格真的差很多。以前很明快，現在常常停滯。」我可以體會，碰到一個舉棋不定、朝三暮四的老闆，高階專業經理人非常難為。

老闆的性格決定企業的性格，企業的性格決定企業的命運。同樣舉辦運動

王學呈 11/12 2017

會，台積電的運動會組織嚴明、號令統一，很像漢光演習，這完全是張忠謀的風格；聯電的運動會就很輕鬆，像園遊會，反映曹興誠的浪漫性格。在晶圓專工的精密趨勢下，張忠謀的嚴謹性格勝出。

富邦蔡家和國泰蔡家的第二代都是會讀書而且能幹的業主，但作風不同。富邦蔡明忠和蔡明興兄弟個性靈活，以併購的方式高速成長，多方布局；而國泰蔡宏圖謹慎穩重，專精本業，累積深厚的資本。

領導不是科學，是藝術。企業主的性格形成企業文化，再透過專業團隊的努力，形成企業的品格和產品規格。國際企業在找人時，非常重視人格特質，一定有性向測驗，人格特質必須與企業文化相容，才有可能形成團隊，完全發揮產能。例如蘋果（Apple）要找的人，可能就和微軟（Microsoft）要找的人不同，因為賈伯斯（Steve Jobs）所塑造的蘋果文化，攻擊性較強，跟蓋茲（Bill Gates）的微軟文化不同，微軟的文化比較溫和相容。

年輕人初入社會，無從分辨企業性格，可能也沒有條件選擇。但慢慢步入中階之後，跟對老闆和選對公司，變成人生的重要課題。

有些老闆成天惹事生非，異想天開，跟在他身邊做事，蹉跎青春，嚴重一點的，可能為了老闆去坐牢。在台灣和中國大陸，這樣的案例常常發生，尤其在中小企業。

觀察一個老闆正不正派、策略清不清楚，需要時間，也需要場合。古人說：「觀人於廟堂，不如觀人於遊戲。」會議室裡的正襟危坐通常不是真的，生活中的細節才見人性，例如穿衣吃飯、打牌運動，或者看看他的朋友。不知其人，觀其友，因為物以類聚。

務實真心話

年輕人初入社會，無從分辨企業性格，可能也沒有條件選擇。但慢慢步入中階之後，跟對老闆和選對公司，變成人生的重要課題。

鈔票與禪師

經營企業的兩味

京都清水寺。那天上午我特別找一個有樹蔭的角落，坐下來，描繪美麗的三重塔和青翠山巒。遊人如織，有人跟我合影，有人用手機拍攝我的畫紙。

這真是個香火鼎盛的廟宇啊！據說每年參拜人數超過五百萬人，光是門票收入就超過十五億日圓（折合新台幣約四億元），這還不包括其他的紀念品銷售收入。有很好的旅遊品質，又有豐厚的收入。這是鈔票與禪師的完美結合。

我一直覺得經營企業要有兩味，一個是錢味，另一個是禪味。

企業追求利潤，天經地義。但因為市場變化劇烈，錢財聚散無常，因此成功的企業主通常有禪宗的境界，以出世的精神經營入世的事業。好的生意是利他濟

王學呈 9/27 2017

世的，能夠利他，自然能夠利己。好的企業就像好的廟宇。

我曾經和宏碁創辦人施振榮有一段非常深刻的對話。他說：「經營事業要能夠幫社會解決問題，如果你能夠幫社會解決問題，滿足眾人的需求，那你提供的產品和服務就是市場需要的。至於利潤，那是整個社會給你的回饋，是附帶的，不是我們經營的核心。」這就是真心無我的境界。

日本有一個學劍的故事。有一位徒弟跟著師父學習劍道，幾年之後，劍術練到爐火純青，師父把他叫來，跟他說：「從現在起，你要學習禪宗。」劍道如同商道，技藝純熟到一個地步之後，心境決定一切。

禪宗的心境包含兩個元素，一個是如常，在生活中體會劍道和商道，落葉的劍法，水流的商機。壹傳媒創辦人黎智英說，在商場解決不了的問題，通常可以在生活中得到創意，找到解方。

禪宗的另一個元素是等待，心願無法成就，通常是因緣不具。因緣是需要等待的，例如德川家康的等待杜鵑啼鳴，諸葛孔明的期盼東風。又如人工智慧的想法早在一九七〇年代就已出現，但是要等到網際網路和智慧型手機完備之後，人工智慧的數據累積和高速演算才得以實現。這中間經過將近四十年的等待。

等待需要心境，也需要實力。你的身體健康嗎？你的口袋夠深嗎？能夠禁得起十年或二十年的等待嗎？

回來談談清水寺。那天我從上午九點開始打底稿，足足畫了六個小時。中間還下起小雨，還好我帶了傘。風險控管很重要。

務實真心話

在商場解決不了的問題，通常可以在生活中得到創意，找到解方。心願無法成就，通常是因緣不具。因緣是需要等待的，等待需要心境，也需要實力。

店無特色不開張

規格可以複製，風格無法重生

早上七點，台北市木新市場，賣玉米的攤位已經開市，暖暖的水蒸氣飄在巷閭之間。

整個市場只有這攤賣玉米，很有特色，客源很穩定，老闆娘每天都來賣，足足賣了十年。這一盤小生意，養活她們一家人。

做生意一定要有特色，區隔很重要。同樣一條街，如果有第二家賣玉米的，客源分散，搞到最後，不是拚價錢，就是拚贈品，兩敗俱傷。同樣在市場賣魚，如果不是魚的種類有所差異，就是要做出不同的價格帶，吸引不同的客層。

特色這樣的概念，如果投射在精品或藝術品上面，就叫做風格。賓士車

玉米
王學呈 1/7 2018

（Mercedes-Benz）的風格是典雅（elegant），寶馬（BMW）的風格叫帥氣（sporty），同樣是高級車款，客群不同。我觀察很久，開賓士車的人幾乎一輩子都開賓士，有些人是高階專業經理人；而開寶馬的人，很多是創業家。這些人的共同點是品牌忠誠度很高，從一而終。

風格是一件很玄妙的事，你可以抄襲，但就是無法成真。以莫札特（Wolfgang Amadeus Mozart）的音樂為例，他的音樂老少咸宜，明朗純淨。莫札特一七九一年過世以來，模仿和假冒他的作品不下幾千首，這些作品的技巧和節奏都很像莫札特，但他們都不是莫札特，差異在於風格。規格可以複製，但風格無法重生。莫札特只有一個，梵谷（Van Gogh）也只有一個。套用精品業者的一句話，這叫做「經典不敗，風格唯一」。

特色和風格套用在政治人物身上，叫做魅力。以美國為例，美國立國以來出了四十四位總統，各有特色，沒有魅力重製這件事，因為美國是個資本主義國家，求新求變。光是柯林頓（Bill Clinton）和歐巴馬（Barack Obama）的魅力就不同，柯林頓活潑，歐巴馬聰明，代表不同世代的需求和渴望。

政治人物的學歷和經歷都可以複製，唯獨魅力是與生俱來。而選舉是一件很現實的市場考驗，光看連戰和連勝文的選舉，就知道魅力是一件別人幫不上忙的事，不是錢多、人多就有用。

企業經營者應該多去逛市場，常常上街走走，或者去看畫展、聽音樂會，體會商品特色和風格的精髓。做生意不需要太多企業管理知識（MBA），生活的體悟反而比較真實。

我一直記得我在錢櫃集團工作時，集團內部常說的一句格言：「人無絕活不經商，店無特色不開張。」

務實真心話

企業經營者應該多去逛市場，常常上街走走，或者去看畫展、聽音樂會，體會商品特色和風格的精髓。做生意不需要太多企業管理知識（MBA），生活的體悟反而比較真實。

我只在乎你

有時創新是舊元素的嶄新組合

台北市中山北路，華燈初上，一位日本男生站在街角唱著日文歌曲《時の流れに身をまかせ》，歌名翻成中文是《任時光從身邊流逝》。這首日文單曲在一九八六年由鄧麗君唱紅，中文版的歌名是《我只在乎你》。日本男生唱得真情流露，打賞給錢的路人不少。

街頭賣唱是最原始的銷售方式之一，非常嚴苛的市場試煉。通常路人都是先聽到歌聲，再轉頭看到歌手，歌聲動人，視覺符合期待，再決定要不要掏錢出來。聽、看和掏錢加起來是一種衝動，這種衝動通常在五秒鐘之內完成。如果過了五秒沒有形成衝動，路人就走過去了，歌手就拿不到錢。

王學呈 4/1 2018

街頭賣唱是有氣質的地攤，賣的是歌手自己，需要很大的勇氣和演唱技巧。我認識很多成功的企業家，他們年輕的時候都擺過地攤或在街角賣唱、跑過警察，從街頭磨練做生意的膽識。

一種商品能否暢銷，配方很重要，能否呼應路人或世人的心情？例如街頭歌手的歌單、音色和造型；又例如錢櫃在一九八〇年代能夠興起，是因為錢櫃創始股東們結合卡拉OK和電影MTV，變成一種全新的KTV商模，讓消費者能夠在私密的空間裡歡唱。

有了商模之後，執行的團隊和品質也很重要。當年KTV風行，仿效的業者很多，但是錢櫃團隊制定了非常嚴格的標準作業流程（SOP），從包廂的音響到餐飲，再到服務品質，都超越同業，很多人都牢牢記得錢櫃水餃和牛肉麵的美味，以及服務生的細緻髮髻和黑色長裙。

現在大家思考虛實整合，追尋新商模，撇開Facebook、Google和Amazon這些巨獸不談，多數人都找不到新的配方。即使有了配方，通常只有單點或單次成功，無法複製並量產，如同站在街頭，只唱好一首歌的歌手。

有時創新並不是完整的創新，而是舊元素的嶄新組合，例如卡拉OK和MTV組成的錢櫃。創新也可能是有技巧的模仿，例如淘寶網模仿Amazon，小米機仿效iPhone，一樣能夠在分眾市場裡擁有一片天。

就像街頭歌手，剛開始的模仿很重要，第一首歌和第二首歌一定不能唱自己創作的歌曲，那一定掛點，因為沒人聽過。第一首歌通常是當紅或令人懷念的口水歌，例如那首《我只在乎你》，溫暖周五晚上的都會人心。那天我也掏錢，我掏了一百元。

務實真心話

一種商品能否暢銷，配方很重要，能否呼應路人或世人的心情？

酒香不怕巷子深
基本面才是一切

台北市大稻埕慈聖宮兩側的美食巷，我來這裡吃鵝肉麵，中午十一點半，要排隊。這裡都是攤子，簡單的帳篷和鐵椅，車子很難停。我不嫌麻煩來這裡吃一碗麵，理由很簡單，就是好吃。

現代人搞行銷搞過頭，本末倒置，忘記基本面才是一切。開餐廳，就是要菜好，裝潢不是賣點；當記者，就是要文章好，長相不是重點；從政，就是要政績，放煙火不是亮點；做業務，就是要收入，不需要太多論點，把錢拿回來就對了。

我有幾位朋友從媒體和服務業退休，跑去開餐廳。一般人以為賣吃的很容

王學呈 3/6 2018

易，他們在捷運站附近開店，店租已經高了，店面很時尚，又是一筆裝潢費，賣的東西跟別人很像，替代性很高，又不比別人便宜，搞了八個月或十個月，店收掉，賠兩、三百萬元。

開餐廳，需要手藝，東西不只好吃，而且是有特色的好吃。沒有這樣的絕技，千萬不要開店，真的手癢，擺攤就好，成本和風險比較低，錯誤的代價最多十萬元或二十萬元。

我招考記者，一定要求對方現場寫稿子，看他文筆究竟如何；招募業務人員，一定要求當場寫案子，看他的邏輯清不清楚。文筆和邏輯與生俱來，從小養成，進職場之後沒辦法改善。

二〇一八年十一月的九合一選舉，選情激烈，對於執政黨和執政的縣市而言，政績才是重點。這幾年很多人在生活的邊緣掙扎，對政績的感受特別深刻，例如就業、低薪、年金、空汙和城市競爭力。選戰有權術和戰術，但政績就像菜色，好吃或不好吃，一清二楚。遊客的鈔票和民眾的選票一樣，都是市場機制。

清末名臣張之洞曾經用「酒香不怕巷子深」形容瀘州老窖的酒。只要酒好，即使置身巷子底，酒客聞香而至。現代人做生意、搞政治，一定要塑造自己的核心價值。市場最無情。

務實真心話

開餐廳，就是要菜好，裝潢不是賣點；當記者，就是要文章好，長相不是重點；從政，就是要政績，放煙火不是亮點；做業務，就是要收入，不需要太多論點，把錢拿回來就對了。

一巷之隔 天差地別

周日黃昏，我在台北市公館附近散步。羅斯福路四段一三六巷右轉進去是東南亞秀泰影城，巷口是頂呱呱炸雞店，大學時代我常到這裡看電影，當時一三六巷兩邊是最熱鬧的地段。

但捷運公館站開通之後，商圈慢慢轉移，一三六巷到公館圓環這段逐漸寂寥，人潮轉移到一三六巷和新生南路之間，以公館站為中心點。開店也好，擺攤也好，只要在一三六巷之後就完了。我有朋友不信邪，開在公館圓環附近，一年不到就倒店。

台灣和日本很相近，屬於成熟市場，商場關鍵是重分配和精密切割。同樣是

頂呱呱
迷客夏
芝麻
王學呈 5/13 2018

店面，隔一條巷子，貧富有差，過馬路更是生死之別，好像女生的額頭瀏海、男生的西裝袖口，差一公分都不行，太短或太長都是沒品味、不到位。

不只是實體店面，連數位商品也講求精確。同樣是電子商務，單品價差五元，生意天差地別；手機影音廣告開始的五秒就決定眼球的跳出率；圖文檔的議題針對不同的分眾，必須有不同的設計。

台灣的精密文化也反映在選舉。有一次我們拜訪桃園市長鄭文燦，談到選舉，他把桃園市的選票分類為兩百多種，光是宗教的選票就可以細切到各地區的宮廟，還有商界和學校的票，每一個分類都認真經營，總得票數就是這樣一點一滴疊上去的。

如果是在中國大陸或東協十國，那是成長市場，重點是卡位插旗，搶市占率，因為買盤一直增加，卡位就分得到。我在錢櫃工作時，曾經到上海和北京展店，只要外環的道路開通，就砸錢開店，跟著交通線和人潮走，十之八九都賺得回來。那時候我帶過的店長和副店長，有些人現在已經是各省KTV事業體的總經理。

中國大陸另一個有趣的地方是商模複製，從沿海一線城市到華中，再延伸到西部，展店和商模一再演化，例如KTV事業的核心產品是詞曲版權和點歌音響平台，但是餐飲或自助吧可以因省制宜，迎合地方口味，很像速食連鎖店在美國東岸、美中和美西的操作方式。地大物博人口多，就是有這樣的好處。

大道無形。同樣的生意，在台灣做精，在中國大陸做大。不同的市場需要不同的策略，也需要不同的人格特質。

務實真心話

開店跟著交通線和人潮走，十之八九都賺得回來。

白木屋與吳寶春

台灣淺碟經濟的輪迴

我很喜歡吃麵包和蛋糕，曾經打算投資開店。因此白木屋虧損關門的新聞，特別引起我的注意。

白木屋由盈轉虧的關鍵之一，是沒有跟上網購宅配的趨勢。白木屋創立於一九九七年，全盛時期有四十家門市，主要產品是生日蛋糕，口感綿密鬆軟，適合店銷，不適合網購宅配，因為稍經搖晃，蛋糕就垮了。二〇〇八年iPhone上市，智慧型手機帶動電子商務，結合快遞宅配或超商取貨，成為另一種銷貨趨勢。

不少烘焙業者為了迎合快遞宅配的樣態，紛紛開發比較堅實，能夠遞送的產

王學昱 10月10日 2015年 5/27 2018

品，例如年輪蛋糕、瑞士捲和手工餅乾等等，搶搭電子商務列車。電商的銷量逐步上升，通常可以占總營業額的三成以上。

白木屋還是維持生日蛋糕的主軸，因而市場被電商分食，二〇一二年起營運開始走下坡，儘管景岳生技董事長陳根德投入十六億元接手經營，把門市縮減為十九家，轉而在百貨公司設點，但實體的高品質策略仍然不敵手機電商的蠶食。

白木屋熄燈的另一個主因是吳寶春效應。吳寶春浮上檯面的年代剛好也是二〇〇八年，那年他參加巴黎的路易樂斯福世界麵包大賽（Coupe du Monde de la Boulangerie），奪得亞軍。二〇一〇年，他更上一層樓，獲得巴黎世界麵包大賽金牌。他的故事在二〇一三年被拍成勵志電影《世界第一麥方》。

以前的麵包師傅是黑手，吳寶春成為宗師，麵包師傅黃袍加身。於是財團跳進來投資開店，不少麵包師傅想變成吳寶春，也自立門戶開店，研發自己的產品。短短幾年之間，烘焙市場供過於求，變成紅海，常常看到一條街五百公尺，出現三、四家烘焙西點店。

白木屋是這波浪潮中，第一家倒下的品牌商。台灣烘焙市場經過前幾年的過度擴張之後，接下來將進入收縮期，沒有商品特色或自有資金不足的店家將被淘汰。這是台灣淺碟經濟的另一波輪迴。

務實真心話

台灣烘焙市場經過前幾年的過度擴張之後，接下來將進入收縮期，沒有商品特色或自有資金不足的店家將被淘汰。

杜甫勝李白

團隊合作勝過單打獨鬥

夏夜，我用行楷抄寫杜甫和李白的七言絕句。杜甫是「詩聖」，李白是「詩仙」，兩人的文學地位對等。

但在企業管理的領域，杜甫的功能遠高於李白。為什麼？因為杜詩易學，可以複製，可以商品化；而李詩不易學，文采及身而絕，不能複製，無法商品化。

杜詩格律嚴謹。以七言絕句〈江南逢李龜年〉為例：「岐王宅裡尋常見，崔九堂前幾度聞；正是江南好風景，落花時節又逢君。」對仗工整，寫實動人，這是杜詩的壓卷之作，啟發不少後進，例如白居易、元稹和李商隱，以及宋代的蘇東坡和黃庭堅都受到杜詩的影響。

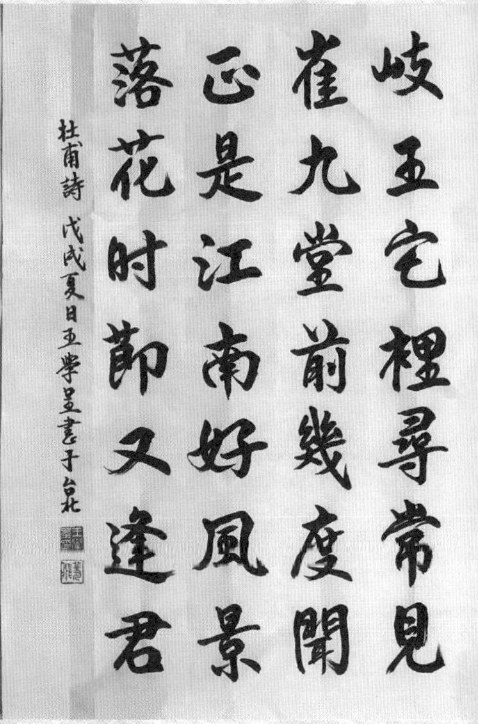
岐王宅裡尋常見
崔九堂前幾度聞
正是江南好風景
落花时節又逢君
杜甫詩 戊戌夏日王學昱書于台北

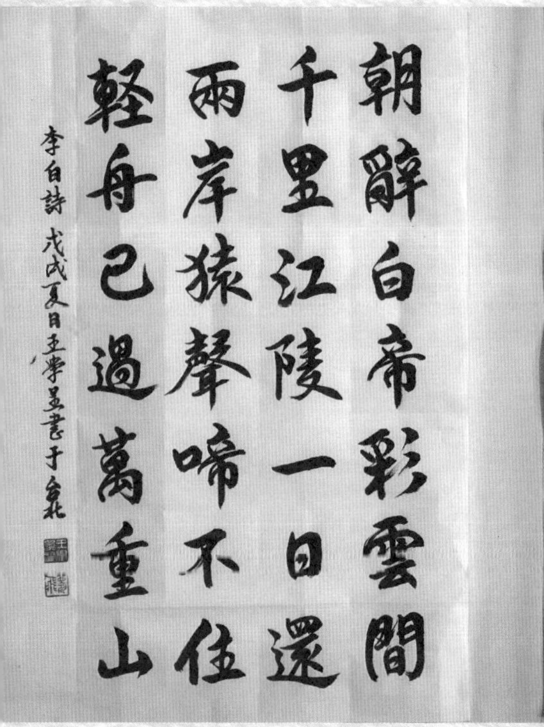
朝辭白帝彩雲間
千里江陵一日還
兩岸猿聲啼不住
輕舟已過萬重山
李白詩 戊戌夏日王學昱書于台北

李詩瀟灑奔放。以七絕〈早發白帝城〉為例：「朝辭白帝彩雲間，千里江陵一日還；兩岸猿聲啼不住，輕舟已過萬重山。」氣勢豪爽，空靈飛動，但是因為沒有法度，後人無法模仿學習。〈早發白帝城〉是千古絕唱。

李白是大師，杜甫是宗師。大師是藝術品，獨一無二；宗師是原型機，帶領商業模式。

以球隊為例，李白是超級球星，單打獨鬥；但杜甫是隊長或教練，帶領整個團隊，而且開枝散葉，累積成果。宗師比大師重要，杜甫勝過李白。

企業跟球隊一樣，贏球拿冠軍不可能靠一、兩位明星球員，靠的是對的策略與好的團隊。上個世紀的國共鬥爭，共產黨靠組織動員贏得戰爭，而國民黨傾向用幹部、用特定將領，最後輸掉整個中國大陸。第一等人靠組織，第二等人用幹部，第三等人用自己。

套用在人工智慧和機器學習的領域，資訊可以分析類比，元素能夠複製量產，才具有商業價值。以杜詩為例，因為格律清楚，比較容易被分析演算；李白的詩，天才洋溢，斷點很多，機器的類神經系統跑不出結果。如果要用人工智慧萃取唐詩元素，杜詩比李詩合適。

務實真心話

企業跟球隊一樣，贏球拿冠軍不可能靠一、兩位明星球員，靠的是對的策略與好的團隊。第一等人靠組織，第二等人用幹部，第三等人用自己。套用在人工智慧和機器學習的領域，資訊可以分析類比，元素能夠複製量產，才具有商業價值。

單性經濟學

姊妹淘或哥兒們在一起的樂趣

我搭乘長榮班機飛往日本關西。我坐窗邊，隔座和後排坐了五位台灣年輕女生，一路上嘰嘰喳喳聊個沒完。用餐時，我問隔座女生：「你們五個女生一起去日本，沒有男生同行？」她回答：「我們去大阪購物、遊玩，要男生幹嘛？女生自己可以玩得很開心。」

前一陣子，風傳媒影音部門兩個男生一起去北海道旅行七天，同機同房，他們之中一位已婚，另一位未婚，他們不是gay。兩個男生的旅行，步行和自駕行程很多，如果帶女生，他們怕女生跟不上，很可能吵架。

後來我問旅行社的朋友：「現在一群女生或一群男生去旅行的情形很常見

王學呈 8/27 2017

嗎？」她說：「自由行的很多，同性旅遊有特殊的樂趣，尤其是日本、韓國、新加坡這些治安好又交通方便的地區，特別適合一群女生前往。」

這種現象，我姑且稱之為「單性經濟學」。單性經濟學幾乎伴隨網路世代（一九九五年）而來，網路世代具有「崇尚自由、最愛客製化、凡事都要好玩、追求速度」等特質。因為這些特質，網路世代有時覺得異性很麻煩、不好協調，因而會在生活中保留特定時間，放掉男朋友或老婆等異性，和同性的朋友去旅行、去消費、去運動、去唱歌、去美容等等。

這樣的群聚行為非常具區隔性，模組清楚、時段固定、總價高。於是航空公司針對這群人推出清邁、首爾等慢活行程，醫美業者推出粉領族的美容塑身療程，精品業舉辦封店優惠活動，金控公司規畫女性馬拉松，甚至有熟齡女生一起皈依受洗。

我記得去年夏天在日本橫濱的紅磚倉庫古蹟，看到四位日本女生坐在台階上聊天吹風。她們在橫濱玩了兩天一夜，完全回到少女時代的自己。這種姊妹淘或哥兒們在一起的樂趣，正是「單性經濟學」的魅力。

務實真心話

單性經濟學幾乎伴隨網路世代（一九九五年）而來，網路世代具有「崇尚自由、最愛客製化、凡事都要好玩、追求速度」等特質。因為這些特質，網路世代有時覺得異性很麻煩、不好協調，因而會在生活中保留特定時間，放掉男朋友或老婆等異性，和同性的朋友去旅行、去消費、去運動、去唱歌、去美容等等。

六萬元的微電影

市場進入「減法」和「除法」，就是惡性循環

周六上午，我在慢跑，在公車站之前被一個年輕男生攔下來，他說：「先生，請不要從這裡過去，我們在拍片，你會入鏡。」

我說：「你們是學生吧？這麼多人，在拍微電影？」他說：「對啊！幫客戶拍。」我有興趣了，問他：「客戶！客戶找學生拍微電影，拍這支多少錢？」他搖搖頭說：「錢很少啦！」我問：「不到十萬元？」他點頭。我再問：「六萬元？」他說：「你猜得很接近。」

我記得七年前微電影剛熱起來時，一支名家拍的微電影要六、七十萬元，後來逐年降，前兩年降到十幾萬元一支，沒想到現在變成六萬元，而且找學生拍。

王學呈 7/22 2018

這個價錢也只能找學生拍。

市場最怕流行減法。微電影找學生拍、企業大量運用工讀生和約聘人員、食品改用次級原料；更慘的是，精華地段的店面變成一家又一家的夾娃娃店，因為開店實在太麻煩，需要食藝或才藝，還要裝潢並僱人營運，夾娃娃店最簡單，把機台放進去就好，免裝潢、不用請人，每天收現金，房東和台主就地分錢。市場一旦進入「減法」和「除法」，就是惡性循環。

差的經營者用減法或除法，例如夾娃娃店；好的經營者用加法，例如從晶圓代工變成晶圓專工，從「代工生產」（OEM）變成「原廠委託設計代工」（ODM）；最高段的經營者甚至用乘法，例如把通訊手機變成智慧型手機，把電影變成文化象徵和集體信仰。

玩加法和乘法需要兩種元素，第一是創意，第二是心胸。創意靠天分，也需要長時間的涵養，例如蘋果的賈伯斯（Steve Jobs）對於圖像使用介面的長期努力，才有可能開發出iPhone手機。

至於心胸，有容乃大。心胸寬大才能夠整合所有元素，避免偏見，取得市場的最大公約數。好的生意，是一種境界，竹密不妨水過，山高不礙雲飛。

務實真心話

差的經營者用減法或除法，例如夾娃娃店；好的經營者用加法，例如從晶圓代工變成晶圓專工。最高段的經營者甚至用乘法，例如把通訊手機變成智慧型手機，把電影變成文化象徵和集體信仰。

繁華如夢

生意跟著交通建設走

台北市赤峰街這幾年明顯熱鬧起來。這條街原本是打鐵街和汽車材料行，以前是勞動階層的區域，現在轉型為美髮店、美食街和裁縫店，成為文青的新景點，普遍兩、三層樓高的水泥牆和街景，顯得樸實雋永。

過去文青常去的重慶南路，現在反而盛況大不如前，傳統書店先受到連鎖書店的衝擊，接下來是網路書店的掠奪，紛紛關門；書店原址變成青年旅店、藥妝店和咖啡店等等，原味盡失，下班之後人潮不多。

我有朋友分別住在赤峰街和重慶南路，他們自己壓根兒沒想到市況會變成這樣。就好像一九九九年九二一大地震之後，台8線中部橫貫公路斷了，車潮改走

嘉
盈
12/23 2018
王学呈 9/28 2016

台14甲，意外造就清境農場的民宿榮景。

做生意的人常說：「錢財聚散無常。小富由儉，大富由天。」意思是賺大錢真的要看天意，而且跑在趨勢之先。例如赤峰街現在的房租成本已經上來了，如果你打的租約不是三年以上的長約，或者現在才在勘點、準備開店，未必賺得到錢。

賺錢的眼光不容易，但是避免賠錢倒是有門路。例如通路改變了，你的做法必須跟著改，網路可以貯藏分享很多資訊，最好不要跟網路和人工智慧對著幹。例如去開書店或翻譯社，去做一些用手可以交付的實體生意，鋪位要好、店面不要大，小店的翻桌率高，容易打平賺錢。賺錢不用急，是你的就是你的。

道路改變了，車潮和人潮也會跟著移動。如果你店面的交通動線變得冷清，就像雪隧通車之後的北宜公路，你一定要認賠殺出，轉移陣地。開店和投資置產是一樣的道理，跟著交通建設走。

我那些做生意賺大錢的朋友，通常具備三種特質：第一、多閱讀，吸取新知並掌握趨勢；第二、多逛街，觀察市況和商圈的改變；第三、多行善，常捐錢，繁華如夢，積德才會長久。

務實真心話

做生意賺大錢的朋友，通常具備三種特質：第一、多閱讀，吸取新知並掌握趨勢；第二、多逛街，觀察市況和商圈的改變；第三、多行善，常捐錢，繁華如夢，積德才會長久。

企業禪

經營企業需要悠閒的心，而不是繁忙的心

我們一起去買橘子。他是某集團的董事長，白手起家，到了現在還是每天逛菜市場，享受庶民生活的樂趣。

經營企業需要悠閒的心，而不是繁忙的心。我觀察過很多老闆，他們的行程是滿的，但心是閒的，用禪宗的語言來說，那是「無心之心」，悠然靜止、超越勝敗的心最容易做出正確的決定。老闆不可以太忙，很忙的老闆通常是失敗的老闆。

「無心之心」來自於信仰。美國總統多半是虔誠的教徒，日本不少企業家篤信禪宗。多數人對於信仰的定義是有對價的，例如燒香必有所求，布施期待回

1/1 2019
王學呈 2月12日 2016年

報。但真正的信仰不是這種半斤換八兩的交易，也不是先許願再還願的貸款。

信仰給你平靜的心情，讓你從容面對所有的困境。我那位買橘子的董事長朋友就是佛教徒，當他做好所有的盤算和準備之後，剩下是的事就委託給佛陀，請佛陀幫他產生結果。所有的結果他都接受。

做事業不能期待神蹟，所有的過程和結果都來自我們的業力，種什麼因，得什麼果。這世上或許有神蹟，但誠如我朋友所說：「神蹟不會落在我們這種豐衣足食的人身上，上帝的恩典、佛陀的慈悲和阿拉的真愛，將落在那些平凡無依的庶民身上。」生意人的真神就是市場，能滿足市場就存活，否則就幻滅。

企業禪師通常具備兩種思維：第一，絕對不孤注一擲。世間無常，業鏡高懸，永遠要留退路，心有轉圜，雲開月明；第二，即使再忙，每天留下一時半刻，享受季節的推演，欣賞大自然的風貌。這種「片刻的抽離」通常可以回復心智的平衡，找到創意，化解戰場的僵局。

就像那天我和朋友買橘子，市場人聲鼎沸，每個橘子都有不同的重量和滋味，每次挑選都是不同的過程，這正是生活的樂趣。我們不是企業家，也不是經營者，我們只是了卻俗事的凡夫。

務實真心話

企業禪師通常具備兩種思維：第一，絕對不孤注一擲。世間無常，業鏡高懸，永遠要留退路，心有轉圜，雲開月明；第二，即使再忙，每天留下一時半刻，享受季節的推演，欣賞大自然的風貌。這種「片刻的抽離」通常可以回復心智的平衡，找到創意，化解戰場的僵局。

日本底蘊，韓國風韻

扮裝只是表層，文化才是根源

韓國首爾的昌德宮，一群日本高中女生穿上傳統韓服，穿梭在宮牆之間，拿著手機自拍。在日本京都的清水寺，常常有外國少女扮成藝伎，在路上閒逛。她們的穿戴不太正統，舉止很隨意，有時近乎好笑，大家都知道她們是假的藝伎。但假的又如何？反正就是觀光，好玩開心就好。韓國的大長今以及日本的藝伎，成為外國觀光客的扮裝（cosplay），透過傳統服裝和角色扮演融入當地，形成非常深刻的旅遊印記。

我一直思考，有什麼服裝可以代表台灣？清裝搶不過北京，唐裝強不過新加坡，農婦裝扮比不過越南女裝奧黛和白色斗笠。曾經有日本朋友來台灣觀光，問

王學呈 9/12 2017

我有什麼扮裝可以代表台灣？我一時之間答不出來，很想租一套憲兵制服，帶他去忠烈祠踢正步。

扮裝只是表層，文化才是根源。去過日本的人通常會上癮，一去再去，因為日本很有底蘊，街頭巷尾，舉手投足，充滿氛圍，尤其是日本人對於季節推移和日常細節的感受，這種生活美學稱為「物哀」，惜物和惜時之情。

韓國的富庶和底蘊不如日本，但韓國過去二十年利用流行音樂和韓劇，塑造韓國專屬的風韻。走在首爾街頭，可以感受到真實而有趣的節奏，韓式妝法和韓版西裝比日式更銳利、更前衛。

比起韓國和日本，台灣的命運更多變。荷蘭人、明鄭、清朝和日本人都在這裡留下足跡，造成影響。台灣的古蹟有荷式、英式、閩式和日式；台灣的語言、美食和人口多元。直而言之，台灣就是混搭，多元而友善就是台灣的特色。

這樣的混搭很難用一種服裝或一種標示去包裝。台灣是複選題，不是單選題。台灣從來就在開放多元的環境中，以包容的心胸去嘗試每一種可能，就像沾滿花生粉和香菜的豬血糕或灑梅子粉的鹽酥雞，口味多層，真誠又有力。

務實真心話

台灣就是混搭，多元而友善就是台灣的特色。台灣從來就在開放多元的環境中，以包容的心胸去嘗試每一種可能，就像沾滿花生粉和香菜的豬血糕或灑梅子粉的鹽酥雞，口味多層，真誠又有力。

下營 桂花落 王學呈 1/13 2019

科技の章

目前的人工智慧都只是單點式的突破，
只限於一種專業，例如看護和圍棋等等；
在水平跨界和垂直整合的領域裡，
人的手和腦還有很大的發揮的空間。
而更大的重點是人的心，
只有人能夠具有通識，洞悉人性。

台北市文山區下崙路的桂花樹和早餐店，簡易的懷舊氛圍。

手機與手帕

你正在失去人性的優雅和執著

周六下午，她們約我喝咖啡。她們是我以前帶過的部屬，兩個人都打算在春節之後換工作，想聽聽我的建議。言談間，她們把手機放在桌上。

後來她們不小心打翻茶水，水濺到手機的玻璃鏡面，我從西裝上衣口袋掏出手帕幫忙擦拭。手帕引起她們的好奇，開口問：「您，帶手帕？現在還有男人帶手帕？」

就這樣，年輕女子的手機和老男人的手帕變成接下來談話的亮點。

以年輕人的需求來看，手機已經不是器材了，手機是器官，跟心臟、肺臟一樣重要，手機沒電、手機不能上網，跟身體缺氧一樣致命。根據整合行銷公

王學呈 1/14 2018

司明略行（Millward Brown）的調查，台灣人平均每天使用智慧型手機的時間為一九七分鐘，高居世界第一。現代人平均每六・五分鐘就要滑一下手機。

手機正在形塑人類的行為基因和經濟模型。手機的五吋面積和平均三秒的網頁停留時間，導致現代人即時短線和焦慮的行為模式，並演化成手機的零碎經濟學。大家都被五吋和三秒制約了。

有些年輕人因為太常使用手機和通訊軟體，變得對電話和見面有恐懼症，寧可透過LINE和臉書溝通，不敢接電話、不想見面。以前的宅男宅女，變成現在的機男機女，行為模式以秒計算。

手帕在公元前三世紀的羅馬帝國就出現了。手帕環保而且典雅，可以重複使用，不像紙巾用過即丟，象徵老派的價值觀。電影《高年級實習生》（The Intern）裡的勞勃狄尼洛（Robert De Niro）就是老派的角色，帶手帕、穿西裝，重視基本面和長線效益，誠信勤奮。

手機和手帕的對比含義，並不在於否定年輕人的特質和價值，而是強調在手持裝置的驅動下，我們慢慢失去人性的優雅和執著。臉書的泛泛之交和浮光掠影，即時新聞的真真假假和排山倒海，通訊軟體的永不間斷和疲勞轟炸，我們忘記工作的核心價值和生活的美好夢想。

正如這兩位年輕女子的現況，她們對目前的工作不滿意，在跟我談話的過程中，不時查看手機的訊息，一心二用。有時候，我們不是手機的主人，我們完全被手機牽制。

手帕只有簡單功能，用來擦嘴或擦汗，用完要洗，還要用熨斗燙平，才能夠帶出門。使用手帕的同時，讓人想起那個緩慢的年代和人性空間。

手機與手帕。真情不老人已老。

務實真心話

臉書的泛泛之交和浮光掠影，即時新聞的真真假假和排山倒海，通訊軟體的永不間斷和疲勞轟炸，我們忘記工作的核心價值和生活的美好夢想。

人工智慧與工人智慧

手動讓自動達到完美

周六下午，我在家用小楷寫《漢書汲黯傳》的部分章節，一筆一畫，二百多個字寫了九十分鐘。

一般人認為大楷和小楷沒什麼差別，只是字大和字小而已。其實技巧完全不同，大楷的筆法是平穩，但小楷的筆法是跳躍。大楷練穩了，跨界到小楷，可能需要兩、三年的苦練才能上手。而寫字成章，大楷很重要，小楷也很重要，因為落款要用小楷，而且行楷並用。

跨界而且深入，是一件困難的事。以餐廳為例，內場（廚房）和外場（接待）是兩件事，通常端鍋拿鏟的人不願意走到前台跟客人打躬作揖，而外場的人

反不重邪大將軍聞愈賢黯數請
問國家朝廷所疑遇黯過於平生淮
南王謀反憚黯曰好直諫守節死義難
惑以非至如說丞相弘如發蒙振落耳
天子既數匈奴有功黯之言益不用始
黯列為九卿而公孫弘張湯為小吏及
弘湯稍益貴與黯同位黯又非毀弘湯
等已而弘至丞相封為侯湯至御史大
夫故黯時丞相史皆與黯同列或尊用
過之黯褊心不能無少望見上前言曰
陛下用羣臣如積薪耳後者居上上
默然有間黯罷上曰人果不可以無學
觀黯之言也日益甚居無何匈奴渾邪
王率衆来降漢發車二萬乘縣官無
錢從民貰馬民或匿馬馬不具上怒
欲斬長安令 戊戌春日五學呈臨

很怕進廚房，因為廚房很熱，買菜、洗菜和做菜的工作時間很長。只有通曉內場和外場的人，才能變成餐廳的總經理。

再以廣告產業為例，現在只懂紙本廣告和電視廣告的人，如果不懂數位廣告，死路一條。而數位廣告的變化很快，以前可以賣曝光（CPM），現在客戶要的是點擊（CPC）和轉換（CPA），還要提供數據和行為分析，車商和房地產客戶甚至用成交後拆帳（CPS）的方式跟你談。而曝光、點擊、轉換和成交拆帳的後台機制完全不同，銷售的人格特質和技巧也不一樣。

在數位的世界裡，人工智慧是顯學，但在演算法的曲線變動，以及平台轉換的斷點之間，工人智慧才可以填補所有的缺口。手動讓自動達到完美。

以機器學習為例，人工智慧（AI）的基礎是數據資料庫和演算法，但經驗法則畢竟有限，函數曲線鈍化時，就依賴人類以工人般的精神，很樸實地手動餵資料給機器，一步一步地向前探索，阿法狗（AlphaGo）的圍棋成就就是這樣摸索出來的。

目前的人工智慧都只是單點式的突破，只限於一種專業，例如掃地機器人、看護和圍棋等等；在水平跨界和垂直整合的領域裡，人的手和腦還有很大的發揮的空間。而更大的重點是人的心，只有人能夠具有通識，洞悉人性。

人工智慧和工人智慧之間的互補，就像大楷和小楷的相得益彰一樣。一般人只看到大楷的堂皇，忽略小楷的實用，古代人給皇帝上奏章，用的是小楷；驛寄梅花，魚傳尺素，用的是小楷；做生意，打合約，用的也是小楷。

不要目炫於人工智慧，不要忘記工人智慧。所有的一切，回歸人心和人性。

務實真心話

在數位的世界裡，人工智慧是顯學，但在演算法的曲線變動，以及平台轉換的斷點之間，工人智慧才可以填補所有的缺口。

垃圾流量

把流量變成數據，從大眾進入分眾

他是廣告大戶，住在台北市大稻埕。我們認識多年，有時候去找他喝茶，有時候在他家的騎樓寫生，畫民生西路的紅磚樓和午后陽光。

那天我又去找他，這回是希望跟他合作，要一些廣告預算。他問我：「你們家的流量是不是垃圾流量？」

我反問他：「請問什麼是垃圾流量？」

他回答：「垃圾流量就是沒有轉換率、沒有購買力的流量，例如十八禁（情色）和娛樂八卦流量。我們登廣告就是為了賣東西，如果我的原生內容和廣告碰到垃圾流量，曝光的TA（受眾）不對，就完全沒有成效。現在不能只是曝光，

行
勝芳紙行
1/2 2017

我們要的是成效。」

這話很深刻，簡直當頭棒喝。過去傳統媒體可只賣曝光，但現在有數據工程和人工智慧，客戶學得很精，要求精準投放，還要數據回饋和行為預測，這簡稱為「成效購買」。

多數媒體現在碰到很大的問題。比海量比不過Facebook和Google，而在精準投放的領域，如果產生的內容都是漫遊的流量，年齡太輕且沒有消費潛力，曝光的廣告是賣不久的。如果只是要曝光，聯播網有量而且便宜又好用。

當然流量不全然是垃圾，如果能夠好好埋code（代碼），追蹤受眾的位置和行為，再佐以人工智慧的分群、演算和預測，流量就可以變成有價值的數據，Amazon、花旗銀行等跨國平台都已經大量累積文字和非文字（圖象、影音）數據，做為產品研發和精準銷售的利器。數據被稱為「二十一世紀的原油」，是最有潛力的資源。

在中國大陸，新浪網等大型平台已經把數據賣給零售和金融業者，數據收入占總營收的百分比達到五%，未來還有成長空間。

把流量變成數據，從大眾進入分眾，由水平奔流到垂直提煉，從此媒體不再只是媒體，而是挖礦、煉油平台。這是黑暗的時代，也是光明的時代。

務實真心話

過去傳統媒體可只賣曝光，但現在有數據工程和人工智慧，客戶學得很精，要求精準投放，還要數據回饋和行為預測，這簡稱為「成效購買」。把流量變成數據，從大眾進入分眾，由水平奔流到垂直提煉，從此媒體不再只是媒體，而是挖礦、煉油平台。

被遺忘的基礎能力

科技和網路只是助力

我妹妹是文化大學美術系和師大美術研究所的高材生，現在是美術老師。我常常拿我的畫作給她看，請她指點。

有一次她跟我說：「大哥，你的鉛筆底稿都是用手一筆筆畫上去的嗎？」我說：「對啊，不然呢？」她說：「現在沒有人像你這樣了。我的學生都是用投影機，把照片投放在畫紙上，用描的，這樣又快又精準。你真是老派。」最後她補一句：「不過像你這樣比較好，手的基本功扎實，你的畫有意境。」

就像這幅淡水的榕堤，從天空、堤岸到榕樹、遊人，從線條到色塊的分配，一筆一畫，光是鉛筆底稿就花了兩個多小時。這是素描的基礎能力。

王學呈 6/24 2018

科技來自人性，科技也讓人性墮落。不只畫圖如此，現在很多年輕記者，尤其是即時新聞和日報的記者，不會寫稿，只會複製貼文，沒有起承轉合、沒有觀點，還沾沾自喜。投信基金公司等業者也樂於提供稿件讓記者貼稿，控制記者的發稿內容。網路普及之後，年輕記者傑出的不多，文筆平平，完全是被科技所害。

業務和企畫也是如此，平日不讀書、不思考，寫案和提案完全靠Google搜尋，而且只看網頁排名的前幾頁內容，不同公司和不同企畫寫出來的案子大同小異。這樣去提案當然不會成功。

Google只能當作查資料的參考，文章和企畫案的發想與核心價值，要靠自己長時間累積，一舉成名源自十年寒窗。我們學會使用科技和網路，這是助力，但不是主力，如同希臘神話裡的半人馬，下半身是科技和數據的驅動，上半身是清明的思維和堅忍的人性。

套裝軟體和數據資料都可以外接，但是基礎能力必須自己慢慢培養，例如鉛筆的寂寂素描、樂器的反覆練習以及歲歲年年的深度閱讀。這些東西，買不到，也借不來，只有靠自己。

務實真心話

套裝軟體和數據資料都可以外接，但是基礎能力必須自己慢慢培養。

城市的幻境和實相

網路上的幻境，不等於城市的實相

夏日上午七點多，我在大阪街頭散步，欣賞這個城市晨起的素顏。我每隔兩、三年到大阪旅行，都有新的發現，例如梅田地區發展就讓人驚豔，新的市區和商業活動不斷產生，街旁的銀杏樹高大動人。

相對於大阪、新加坡和首爾等都會區，台北市過去三年多算是沉寂的，改變不多。嚴格來說，市長柯文哲沒有太多政績，但他的網路聲量和媒體曝光度一直維持在高檔，這正是台灣社會和網路世界的弔詭之處。

城市需要工程師，但台灣民眾寧可關注一位魔術師，因而造就了所謂的「柯粉效應」。二〇一四年台北市長選舉的柯粉效應，主力是反藍，二〇一八年台北

王犖呈 8/5 2018

市長選舉的推力是反綠。但不管反藍或反綠，白色力量是否提出解方，提高台北市的居住品質和競爭力，是值得思考的問題。

柯文哲是網路魔術師，也是政治精算師，他確實瞭解網路世界和政治區塊。現階段社群網路的演算法，完全是類神經的脈衝方式，掌握了脈衝和節點，透過乘數效果，就能觸及多數人的眼球，形成印象，進而透過新媒體去操作舊媒體。柯文哲三年多前的「單車一日雙城」，以及去年的「國民學姊」，都是類似的手法。這樣的觸及聲量是衝動的，類似脊椎的反射動作，不經過大腦深思。

如果把柯文哲過去四年多所有曝光和聲量用人工智慧追蹤分析，跑出來的關鍵字雲讓人相當驚訝，很多的表演和戲法，很少的建設和政績，等號的兩邊完全不對稱。這很像股市炒手把股價炒高之後，找不到基本面的支撐，但是股民還是勇於追價買進。

台灣處於困境，都會人心寂寞難耐，因而企求魔術師、需要興奮劑。但解憂是短暫的，生活畢竟是真實長久的，民眾需要收入，城市需要建設和商機。網路上的幻境，落實到城市的每一個大街小巷，到底還剩下多少實相？

務實真心話

現階段社群網路的演算法，完全是類神經的脈衝方式，掌握了脈衝和節點，透過乘數效果，就能觸及多數人的眼球，形成印象，進而透過新媒體去操作舊媒體。

水果攤和大數據

網路必須落實，大數據必須落地

基隆市孝二路的水果攤，位於交通動線上，人潮不斷。擺攤的歐巴桑眼力很好，從路人的肢體動作和眼神就可以研判潛在客戶；她的記性也很好，客人只要買過一次，她都記得，下次見面就是熟客，還記得對方買過什麼、喜歡吃什麼、每一次大概買多少。

在街頭討生活的人，心中都有這樣的小數據，手上幾百個客戶，其中大約七成是熟客，三成是過路客。每一個客戶和每一個機會都要抓緊，積少成多，一家子的生計就靠這樣維持。

我們經營網路事業，在網路上埋code（代碼），追蹤用戶的閱讀軌跡和行為

王學呈 9/9 2018

傾向，形成大數據，再透過人工智慧研判用戶下一個節點和動向，希望提供更適合的商品和服務。海量的大數據必須沉澱成具體的小數據，才有可能產生收入。例如找到一群年輕的女生還不夠，必須找到一群「想出國旅行的女生」或是「想結婚的女生」，才有可能產生足夠的轉換率。

大數據就是本站和外站的用戶和行為，而小數據就是基隆市孝二路那個水果攤。很多網紅和直播美女擁有眾多粉絲和觀賞，但是搞了一個月下來，真實的收入可能比不上菜市場轉角的水果攤。這正是大據數轉成小數據的艱難和奧妙，網路必須落實，大數據必須落地。

網路已經把我們切成兩個世界，要嘛像Facebook或Google那樣擁有天量和天網，再不然就是找一塊分眾領域，透過垂直整合產生小數據，完成O2O（線上和線下）的工程。光是靠流量和曝光，未來的日子和格局很有限。

大數據的最後一哩就是建立「目標用戶模型」，其中最重要的就是用戶的位置和心理。數據學說穿了，就是用戶在哪裡？心中想什麼？這時我總會想起基隆市那個悠閒黃昏的水果攤，不斷路過的人潮，歐巴桑親切的問候，還有推車上新鮮可口的各種水果。

務實真心話

經營網路事業，在網路上埋code（代碼），追蹤用戶的閱讀軌跡和行為傾向，形成大數據，再透過人工智慧研判用戶下一個節點和動向，希望提供更適合的商品和服務。海量的大數據必須沉澱成具體的小數據，才有可能產生收入。

有了速度，失去溫度

生活和把妹要的是「風格」

我在台北市內湖科學園區上班。這裡的年輕人很多，從一樓上到二樓，或者從二樓下到一樓，坐電梯不走樓梯，進了電梯，眼睛還在看手機。走在路上，也在滑手機，常常必須讓路給他們。

有一次，我忍不住問一位從二樓按電梯到一樓的年輕男生：「請問從二樓下到一樓，為什麼要坐電梯？」他的視線離開手機，轉頭看我一眼，冷冷地說：「大家都這樣啊！」

現在智慧型手機的功率等於一台小型麥金塔（Mac）電腦，演算速度和儲存空間比五十年前的大型電腦還高。手持裝置和高速上網讓我們變成「左腦高

王學呈 9/30 2018

手」，長於計算和複製，但右腦的功能被疏離了，從此我們怯於思考、沒有感情。我們把自己變成電腦了，有了速度，失去溫度。

很多科技宅男都面臨共同的困擾。他們可以在網路上找到上百個女生的聯絡方式，變成臉友，在線上哈拉幾句，但就是沒有半個女生要出來跟他見面約會。一百個妹和零之間的問題，不是數學，是哲學；電腦和網路的強項是「規格」，但是生活和把妹要的是「風格」，如同洲子街上的欒樹開花，每一棵欒樹的風情和色調都不同。

電腦可以駕駛汽車和導引飛彈，但是電腦不會騎腳踏車；電腦可以做出周杰倫風格的歌曲，但是電腦不會用鉛筆畫五線譜。汽車自駕和飛彈導引是專業、是工作，但是生活非常真實，如同哲學家尼采（Friedrich Wilhelm Nietzsche）所說：「生活就是做自己，為自己的個性注入風格，做一個獨一無二的自己。」

獨一無二的自己，重點在於核心價值，不要隨波逐流。手機族捨不得爬樓梯，不會跟別人面對面；很會打字，卻不敢接電話。但下線之後，所有人都要面對實體世界，扎下每一個生活印記。網路無所不在、無所不能，但鴻海集團總裁郭台銘說：「上廁所你總要自己來吧？」

務實真心話

獨一無二的自己，重點在於核心價值，不要隨波逐流。

個人化陷阱

我們是自己的主人

我到台北市東豐街吃桂花蟹。等候上菜時打開手機連上KKBOX，看看「你的每日新發現」歌單，發現歌單裡有多首蔡琴的老歌，還有鄭秀文和周華健的歌。

這些歌是KKBOX根據人工智慧整理出來，為我量身打造的，也就是所謂的「個人化服務」。但其實我並不打算天天聽這些三十年前的老歌，我只是有一次搜尋了蔡琴的《被遺忘的時光》（電影《無間道》的插曲），這個搜尋動作被記錄下來，變成人工智慧的資料點。從此我被貼上標籤，被歸類成「喜歡聽三十年前國語老歌的男子」。

王學呈 10/14 2018

在海量平台和人工智慧的領域裡，我們都是一個資料點，我們是被偵測追蹤並貼標的對象。說穿了，我們不是人，我們是一個IP位址，不斷被貼標然後歸類，進入成千上萬的個資矩陣，面對程式化的餵養和服務。個人化服務有時變成個人化陷阱，從此我們被綁在一個圈圈裡，只見樹不見林。

這種「同溫層效應」超乎想像。我們在Facebook結交志同道合的朋友、在Google搜尋內容、在線上追劇，每一個動作都被記下來，持續累積。人工智慧甚至預測我們何時該換iPhone手機、該買什麼樣的母親節禮物。我們被界定、被窄化，這可能是生活的便利，但也可能是人生的限制。

北美黃石公園裡狼群都有自己的棲息地，牠們在棲地獵食、求偶並繁殖。每一群狼的領地通常超過一五〇平方公里，食物和水源絕對足夠。但即便如此，狼群還是會遠征，到三百公里以外的地區走走，有時因而發現新的鹿群和獵場。

我們不要被電腦和人工智慧馴化圈養，應該練習跑出自己的棲地，有時聽聽不同風格的歌曲、瀏覽相異的資料，打亂演算法的決策樹路徑，不要被定型。請記住，我們是狼，不是羊；我們是獵人或戰士，不是網路領主的順民。我們是自己的主人。

務實真心話

我們不要被電腦和人工智慧馴化圈養，應該練習跑出自己的棲地，有時聽聽不同風格的歌曲、瀏覽相異的資料，打亂演算法的決策樹路徑，不要被定型。

群蜂思維，分眾年代

只有落地，才能獲利

暴龍和蜂群有什麼差別？

前者是傳統大型媒體，後者是現在的數位平台。過去是壟斷的時代，現在則是無數電腦平行運作的模式，就像繁忙的蜂群，透過訊息和脈衝形成集體行為，近年來社群媒體和數據智慧（DI）、人工智慧（AI）的演進，更激化蜂群行為的多元和難以預測，就像原野上的工蜂或草原上的螞蟻，你永遠不知道牠們接下來會湧向哪裡？

對於廣告主而言，所有的行銷就是為了「精準投放」和「成效購買」，而「精準投放」和「成效購買」的終極目標，說穿了，只有兩個，第一是增加來客

王學昱 11/13 2016

數，第二是撐大客單價，所有的行業都一樣。

這年頭，曝光不是什麼大的問題，像Google、FB等海量平台的流量不是問題，用錢買就有，問題在於流量之後的轉換率。轉換率偏低，最大的風險可能不是金錢，而是時間，當你原地空轉一段時間之後，轉換無門，花園的花蜜已經被其他平行競逐的蜂群採光。花季結束，商機跟著結束。

對於多數的業主而言，目前數位行銷的最大挑戰不是流量，而是轉換；不是大眾，而是分眾；不是平行競速，而是如何垂直落地，形成交易。這很像戰爭，大量轟炸和密集炮擊之後，所有的戰鬥都必須回到地面，甚至進入地道，才能夠獲取戰果。

業主需要聯播網這樣的大量轟炸平台，但也需要風傳媒這種垂直整合的分眾平台。尤其是分眾平台的個人化服務、數據累積、AI運算和預測、會員經營和O2O（線上和線下）活動。這樣的利基空間是海量平台無法觸及，也無心經營的領域，但落地是很關鍵的。只有落地，才能夠獲利。

在戰場，必須依賴步兵去佔領每一個陣地和領土；在商場，我們必須跟每一個客戶直接互動，並產生信任，建立長久的關係。

務實真心話

對於多數的業主而言，目前數位行銷的最大挑戰不是流量，而是轉換；不是大眾，而是分眾；不是平行競速，而是如何垂直落地，形成交易。

東京，哆啦A夢博物館，候車的母女。美麗悠閒的午後陽光。

人生の章

生活最懼「滿」。行程不可滿載，金錢不能花完，力氣不要用盡，至少保留二十%的餘裕，處理危機，構築夢想。

人過三十，追求財富；人過四十，需要夢想；人過五十，渴望舞台；人過六十，健康第一；人過七十，一切聽從老天的安排。

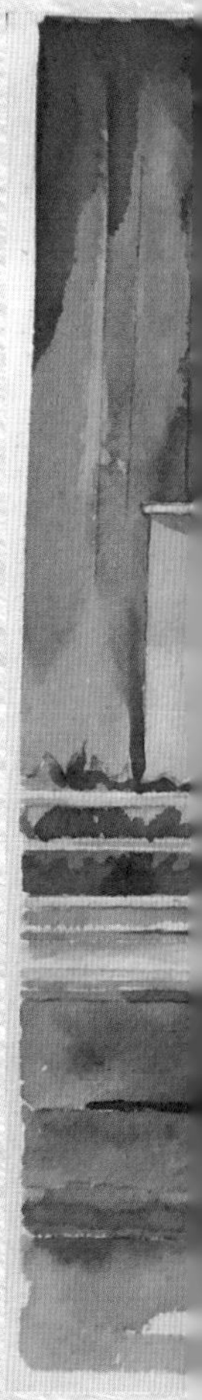

享受寂寞

在快的世界裡，擁有慢的優雅

周五上午，我背著畫袋，在台北車站搭乘八點三十三分的區間車，緩緩駛向南部，這種慢車每站都停，沿途看到隧道、剛插秧的水稻田以及成群的白鷺鷥。經過四小時又二十五分鐘，火車到了終點站斗六市，我下車閒逛，最後在雲中街停下來，這裡原本是日據時代的警察宿舍，現在改成文創據點，我坐下來描繪古樸的日式房屋。

這樣的過程，主要是為了放鬆心情。網路世界變化太快，客戶的需求千奇百怪，我找不到創意時，通常就搭上台鐵區間車，到一個小鎮，用最緩慢的手繪方式，讓自己進入沉浸狀態。

王學呈 3/18 2018

創意工作者如作曲家、電腦工程師、動漫師等等都需要「沉浸狀態」，心無雜念，完全專注，企業的決策者也需要沉浸狀態。進入沉浸狀態通常具備兩個元素：第一是獨處，面對自己，享受寂寞；第二是反覆而單調的動作，例如鋼琴鍵盤簡單音符的重複彈奏、素描鉛筆的來回描繪，寂寥之後的靈光乍現。

網路世界和商場快速變化，交易、數據和圖像以光速移動，但創意和決策卻在慢的心情中產生，例如股神巴菲特（Warren Buffett）彈奏烏克麗麗、台積電董事長張忠謀吸菸斗與聆聽古典音樂，他們的決策多數是正確的，要歸功於適度的獨處和慢活。

現代人的智慧型手機和無線網路太方便，排山倒海的訊息塞滿生活的每一刻，反而沒有辦法讓自己慢下來。太忙和太多變成人生的負擔，這時候可能需要一些減法，讓思緒慢下來，留白和停格是必要的，例如一幅水彩畫的留白、一首管弦樂曲的慢板、一年之中的慢旅行和獨自散步。

從第四代行動通訊網路（4G）步入5G之後，我們將面對更快的速度、更多的驅動，如何在快的世界裡，擁有慢的優雅；如何在滿的狀態下，抱持空的覺悟；如何在繁華過盡、眾聲喧騰的時候，保持沉默，從容轉身。面對這些疑惑，適度的逆向思考可能是必要的。

正如同我那天在斗六市作畫，迷人的黃金夕照和婆娑樹影，但手機的LINE群組依然不斷出現訊息，不讀不行，不回不行，必須耐心處理，因為我們畢竟是江湖中人。這繁忙錯置的一切，就像《維摩詰經》所說的：「是身如幻，從顛倒起；是身如浮雲。」

務實真心話

進入沉浸狀態通常具備兩個元素：第一是獨處，面對自己，享受寂寞；第二是反覆而單調的動作，例如鋼琴鍵盤簡單音符的重複彈奏、素描鉛筆的來回描繪，寂寥之後的靈光乍現。

失去的天空

留天留地，為自己和環境留點餘裕

正午時分的台南孔廟，朱牆、紅瓦和綠樹，以及一望無際的藍天白雲。那是建築和天空的融和相處。

台北的天際線是零亂破碎的，可能是因為人口過度集中，建築沒有規畫。西區的孔廟、中山區的行天宮和萬華的龍山寺都沒有完整的天空，周圍都有不相稱的樓房。即使在總統府周邊，也會冒出元大一品苑這樣的特級豪宅，破壞天際線的視覺。

從觀賞的角度來看，台北人是優雅的，但台北的建築是乏味的，以台北的地標建築台北一〇一為例，全然的冷色系，像鋼彈模型一樣的稜角，沒有溫度，台

王學呈 12/3 2017

北的畫家很少去畫台北一〇一。台北人的頂樓有這麼多的違建加蓋，台北人的品質和住宅外觀是不相稱的。

城市的景觀在於天際線，即使像紐約這樣的國際都會高樓林立，但還是有中央公園這樣的廣大綠地和高大樹林，面積三百四十一公頃，留住城市的一角天空；倫敦有海德公園，占地一百四十二公頃；東京則有精巧的御苑，面積五十八公頃，讓繁忙的東京人有一個散步沉思的角落。

台北難得有一個大安森林公園，面積二十六公頃，落成開放已經二十四年，卻發生樹長不高的窘況，連政大河堤旁隨便種的樹都比大安森林的樹高。真正要看高大的樹，只有去植物園，林相也比較豐富，夏天還有嬌艷肥碩的荷花，不過植物園是日本人在西元一八九五年興建的苗圃。

做為一個喜歡畫圖的人，我對台北有相當複雜的感情。台灣光復七十三年以來，平均國民所得（目前約二萬二千美元）成長超過一百八十倍，卻找不到一個可以入畫、有氣質的公共建築，即使是民間建築也是相當的商業化。台北可觀的建築和林園，若不是源自於前清，例如北門和林家花園，就是建於日據時代，例如監察院和西門紅樓。

我們用不同的高樓把天空占滿，把房子蓋到水邊、蓋到山坡上，把公路建到水流的動線上，每逢颱風和大雨就變成土石流。我們把所有的空間和時間都用滿，基本上這還是後工業時代的量產思維，一切滿載。

但回頭想想，滿載之後，城市沒有天空，年輕人的低薪拉不起來。我們是不是該留天留地，為自己和環境留點餘裕？至少，認真做好台北的都市更新吧！

務實真心話

我們把所有的空間和時間都用滿，滿載之後，城市沒有天空，年輕人的低薪拉不起來。我們是不是該留天留地，為自己和環境留點餘裕？

等待幸福

等得起才贏得到

那是一個晴朗多雲的周五，我陪一個劇組到新北市瑞雙公路沿線拍短片。下午四點左右，我們來到九份國小上方的平台，眺望北海岸，準備拍一個海水正藍的遠景片尾，一群人吹著風，導演要我們耐心等，等夕陽餘暉。

到了五點左右，大片黃金夕照灑在左方山丘，映著遠方白雲，染亮海水的湛藍，形成很棒的色差和對比，導演下令拍攝。為了這一幕，我們等了一個小時，值得。

「等」是人生的功課，養深積厚，等待因緣果熟。我常常跟朋友聊起，愛情是追來的，但幸福是等來的；江山是打來的，但是天下是熬出來的；收入是賺來

12/10 2017

的，但是財富是累積而來的。

以愛情為例，女朋友是追來的，現代人交遊機會多，約一個女生談情說愛，只要誠意和技巧夠，不是太難。但是要把女朋友變成老婆，一起生活，這需要時間彼此相處，培養默契，也需要比較周延的準備。幸福需要等待，需要時間淬鍊，沒辦法速成。

再以江山為例，日本戰國時代的織田信長和豐臣秀吉都曾擁有過江山，但最後真正得天下的是德川家康。織田信長對待諸侯的手段激烈，豐臣秀吉發動朝鮮戰爭耗盡國力，兩個人的個性都急，只有德川家康沉得住氣，耐心等待對手的招數用盡，氣數走完，再出手。三國時期的司馬懿也很厲害，熬得過曹氏父子四代，最後統一天下的是他的次子司馬昭。

錢財更奧妙。賺錢可以憑運氣、靠本事，但是致富真得靠本性，耐得住寂寞，減少犯錯才可以累積財富。我在股市看過很多風起雲湧的人，多頭市場賺到錢，空頭市場吐回去。真正高明的是類似巴菲特（Warren Edward Buffett）這樣的人，看準產業趨勢，抱緊持股，以長線滾雪球的精神，累積可觀的獲利。

商場也是如此，看到好賺才跳進去，肯定是紅海市場，例如台灣以前的蛋塔店、拼圖店和單車店，現在的電子商務、桌遊店和夾娃娃店，開店潮之後的一年就是倒店潮。藍海市場需要培養，經過等待，而且成功者百中選一。

我們都是習禪者，也都是生意人，懂得風動塵起、水到渠成的道理，但問題是市場的養成需要時間。等得起才贏得到。

務實真心話

愛情是追來的，但幸福是等來的；江山是打來的，但是天下是熬出來的；收入是賺來的，但是財富是累積而來的。

有錢人

心存善念，捐錢回饋

清晨六點，我和他一起慢跑，經過台北市考試院附近的台電社區，天際線寬廣，茂盛的紅色九重葛在風中搖曳。他指著大樓說：「這個社區鬧中取靜，樓層低，土地持分高，可先買幾戶下來，等捷運環狀線的考試院站通車，應該可以賺不少。」我心裡想：「又要買房子，你到底有多少閒錢啊？」

三十年前我認識他時，他只是基金公司的研究員，每天騎機車通勤。後來碰到台股大漲，他因為基本面掌握獨到，買股都是賺好幾倍。二〇〇〇年之後，他把錢轉去買不動產，又是賺好幾倍。

我長期觀察他，發現他有幾個特質。第一，減少犯錯。多數人都有賺錢的機

王學呈 4/22 2018

會，但多數人都會犯錯，最後把賺到的錢都吐回去。但他不一樣，他很謹慎，賺錢七次，犯錯三次，結餘四次就是他致富的本錢。

第二，正向思考。多數人碰到挫折都會失意良久，但他凡事往好處想。有一次也買一檔上櫃股票，慘賠幾千萬，有一天這檔股票跌深出量反彈，他馬上停損把股票出乾淨，然後買機票去京都旅行。

第三，現金主義。他買股和買房都是百分之百的現金，絕不融資貸款。因為不使用槓桿，所以禁得起波動，成為長線贏家。

第四，心存善念，捐錢回饋社會。他覺得賺錢是上天的恩賜，所以一定捐錢回報。花蓮門諾醫院的整組醫療器材是他捐的，他每個月還扶助幾十個貧童。可能是因為善念，讓他一直處於快樂平穩的狀態，永遠賺多賠少。

第五，精打細算。他明明已經很有錢了，買一輛BMW 740的座車，還要找兩個朋友一起買，這是高價團購，一起討價還價。看他買紅酒、普洱茶和房子，眼光精準，以量殺價，進場就取得成本優勢。

務實真心話

不使用槓桿，所以禁得起波動，成為長線贏家。心存善念，捐錢回饋社會，讓他一直處於快樂平穩的狀態，永遠賺多賠少。

人生有憾

事事過於順心，必有後果

五月中旬，新北市平溪區的菁桐車站，一群香港觀光客在這裡放天燈。這應該是他們第一次放天燈，歡呼連連。天燈帶著他們的願望，例如「身體健康」、「金榜題名」，冉冉飛向傍俛的天空。

我到京都、奈良和首爾等地旅行時，都會到當地的名寺祭拜許願。許願就是心中有求，生活有遺憾，希望圓滿。心願是心中的缺口。

生命中充滿矛盾，歡喜和煩惱是同一件事情。二〇〇四年，我在台灣《蘋果日報》擔任財經中心副總編輯。有一天，主席黎智英找我到他的辦公室，說我表現很好，升我為執行副總編輯。升官加薪，我很高興。

王學星 5/21 2018

沒隔幾天，他又找我去，因為《蘋果日報》想開拓房地產廣告收入，要成立《地產王》專版，要我負責籌畫。我清楚記得當天談話結束時，他用肥厚的手掌拍我的左大腿，跟我說：「一切拜託你了！」就這樣，升官的喜悅大概只維持了幾天，接下來就是天大的煩惱。很幸運，經過一年多的努力，地產版成為《蘋果日報》的重要收入來源。

人生的旅途經常憂喜參半。生兒育女的人大概都有類似感觸，我們好不容易把兒女拉拔長大，覺得可以稍微鬆口氣時，卻得面對至親長輩老去或離去的哀愁；或者我們在商場上強力運作，以高於市價的行情取得合約，後來才發現原來客戶早有伏筆，給你高價，是因為案子艱難；又如情投意合的好友或隊友，反目出走之後，變成彼此最恐怖的對手，刀刀致命。

清末名臣曾國藩晚年的書房叫「求缺齋」，求缺不求全，因為事事過於順心，必有後果，這是曾國藩經歷戰場勝敗和宦海浮沉的智慧。我們與其祈求風平浪靜，不如及早覺悟，從容面對生活中的遺憾和缺陷，風暴來時，仍能維持心中的平靜。

滾滾紅塵，悲喜本為一物，愛恨率皆無常。

務實真心話

許願就是心中有求，生活有遺憾，希望圓滿。心願是心中的缺口。

莫忘初衷

每一天都當它是第一天

他是我在錢櫃工作時認識的日本朋友，在連鎖飯店體系做到社長（總經理）。我們合作時，他不只一次提到高中畢業那年，一群同學搭電車（火車）到江之島旅行，對著大海許下人生的宏願。

江之島電車被日本高校生稱為「青春的陽光模樣」。我的日本朋友在商場遭遇挫折時，都會回到江之島，靜靜地坐一次電車，回想十八歲那年的夢想。

這幾年的景氣變動很大，常常有同事找我談工作、談人生方向。每次談話，我都會問一個問題：「你當初為什麼進這個行業？當年入行的理由，現在還存在嗎？」很多人工作多年之後，反而忘記當年入行的初衷。

8327
6/18 2018

就像客戶找我提案，我通常會問：「請問這個案子希望解決什麼問題？」有時候客戶要得很多，執行的過程跳來跳去，反而忘記問題的核心。核心就是初衷。初衷應該只有一個，一個案子如果能夠解決一個核心問題，就很棒了。

我曾經執行一個勞動部的公標案。得標之後，客戶一直改變需求，加東加西，出爾反爾。一個千萬元大案，變成一場災難。到最後，該單位的一級主管整批被換掉，我們也沒賺到什麼錢。忘掉初衷，就會變成這樣。

後來我面試新人時都會問：「你高中或大學時候的夢想是什麼？那時候曾經去哪裡旅行？參加過什麼社團？發揮什麼功能？」學生時代的感情最純，夢想最真。我們出社會之後學會包裝自己，但內心始終是那個十七、十八歲的年輕人。極度挫折或非常得意的時候，所有的本性和本願都會跑出來。

我最佩服亞馬遜公司（Amazon）執行長貝佐斯（Jeff Bezos）所說的：「It's still day one.」每一天都當它是第一天。經營者隨時要面對挑戰，只有懷抱第一天的熱情，時時想起入行的發願，才有可能走過快樂或悲傷的路程，成為最後的贏家。

務實真心話

很多人工作多年之後，反而忘記當年入行的初衷。只有懷抱第一天的熱情，時時想起入行的發願，才有可能走過快樂或悲傷的路程，成為最後的贏家。

兄弟有三種

男人的至交

大雨過後的仲秋傍晚，我去台北市中山北路找一位金融業的朋友，一起吃晚飯。我到了之後，發現他的辦公室門口多了一位年輕小伙子，擔任特助。

我問他：「那個小伙子是誰啊？」他說：「我朋友的長子，剛從美國留學回來的財金碩士，到我這裡來歷練。我朋友自己也有事業，但怕自己帶，可能溺愛、教壞小孩，所以拜託我幫他帶，嚴格要求、公事公辦。」

這就是孟子〈離婁篇〉所說的「易子而教」。古代的將門和書香世家常常這樣做，確保子弟成材。通常只有至交，才可能承受這樣的託付。男人的至交，我們互稱「兄弟」，兄弟有三種：

王學呈 9/23 2018

第一種是心情的救贖。你三更半夜睡不著時，可以打電話給他，約他出來喝酒聊聊，隨傳隨到，風雨無阻。

第二種是錢財的救援。你急需資金周轉時，他可以馬上借你幾百萬元，甚至千萬元，但是借據照打、利息照算，不能免俗。這需要財力，也需要誠意，這樣的兄弟比較少見。

第三種是親人的託付。你可以把小孩交給他，請他代為調教，對方必須兼具能力和人品，並且極具耐心。因為把一個初入社會的年輕人拉拔成經營長才，至少需要三年才可以出師。能夠這樣幫忙的人，鳳毛麟角，非常稀有。

以上三種託付是檯面上的託付，還有一種託付是檯面下不能見光的，那是小三的託付。根據我行走江湖的觀察，有些業界老闆把小三安排到好友的公司，擔任秘書或內勤小主管，請兄弟代為掩護，小三也有生活重心，十年平安無事。照顧小孩很難，掩護小三更難。

那天我們在中山北路的一家日本料理店吃鍋物，好友把那位年輕的特助也一起帶來，教他點菜、應對進退，馬路上的燈影輝映著猶有餘光的天空。這樣的兄弟，真是徹底。可以託六尺之孤，可以寄百里之命。

務實真心話

把小孩交給他，請他代為調教，對方必須兼具能力和人品，並且極具耐心。因為把一個初入社會的年輕人拉拔成經營長才，至少需要三年才可以出師。

華麗的煩惱

還是簡單生活，有單純的煩惱就好

他是我的好朋友，很瀟灑，事業有成。他最近跟一群人到加拿大旅行，看楓葉、賞南瓜、吃龍蝦。旅途十幾天，有兩個插曲：一個插曲是團中有一位男生一直想找我朋友投資；另一個插曲是一位輕熟女不斷向我朋友示好。

功成名就之後就是這樣，你會有很多假的朋友和真的敵人。真的敵人很清楚，但假的朋友就很混淆了。假的朋友比真的敵人還危險。

先講那個男生的投資案。他提出一個區塊鏈和長照虛擬貨幣的計畫，找我朋友一起投資開發，他出技術，我朋友出錢。我朋友每個月都會碰到這樣的投資邀請，他的原則很清楚，只投資他懂的東西，如果搞不懂，絕不輕易出手。這點跟

王學呈 10/7 2018
50

美國股神巴菲特（Warren Buffett）很像。

再談那個輕熟女。這個世界沒有飛來的豔福。我朋友多次跟我說：「成功的已婚男人交女朋友，或富裕的女人搞婚外情，重點不是怎麼開始，而是如何結束。」如果你想結束，但對方不配合，通常會變成一場災難。幾年前有一個金融業的總經理交了一個女朋友，一年後想分手，女方不肯。這個女生滿厲害的，跑到他的公司，坐在他辦公室門口哭了三天，驚動金控集團大老闆，差點毀掉這個總經理。

後來我才知道，我們這些凡夫俗子拚命想做對的事情，忙西忙東、追求成功。那些有智慧的人，年輕的時候選對一個投資或者找到一個商模，持之以恆、累積財富，之後只要減少犯錯就好。

只要是人都有煩惱。我朋友的煩惱，我稱之為「華麗的煩惱」，要花很多錢，坐飛機去加拿大賞南瓜、吃龍蝦才碰得到的煩惱。我開車到台南看冬瓜、喝冬瓜茶，不會有這麼大的煩惱。

跟他認識三十年，看他為事業煩心，又怕小孩不孝，每年改遺囑。我們還是做一個普通人，簡單生活，有單純的煩惱就好。

務實真心話

我們這些凡夫俗子拚命想做對的事情，忙西忙東、追求成功。那些有智慧的人，年輕的時候選對一個投資或者找到一個商模，持之以恆、累積財富，之後只要減少犯錯就好。

心情決定事情

想成為贏家，至少先把贏家的心情準備好

下雨天，他去接小孫女放學。因為雨勢實在太大，他乾脆把孫女背在肩上，一路走回家。他是我的鄰居，去年退休，整天沒事，接送孫女變成他的生活重心。

前兩、三個月還好，後來實在太無聊了，他受不了，就發揮自己在地政方面的專業和人脈，找了一份顧問的兼職工作，一個星期上班三天，從此又有舞台了。我有很多同學都像他一樣，退休之後頓失所依，休息一年半載後又回到職場。

現代人壽命實在太長，動不動就活到八、九十歲，如果五十幾歲就貿然退

王學呈 10/23 2017

休，後面還有三十年無所事事的日子，整天打太極拳、溜狗或在家掃地，很可怕的。套用我同學們常說的一句話：「工作很悶，不工作更悶，所以還是工作吧！」

既然決定工作，就面臨另一個抉擇：究竟是快樂地工作？還是不快樂地工作？現在的市場確實艱難，老鳥一旦回鍋，別人對你寄望殷切，希望你引見關鍵人物，期待你提出解方，本來談好後台顧問或董事的工作，漸漸變成在前線打仗的主管，例如資深副總經理或子公司的執行長之類。凡有職缺，必有所求，天下沒有白吃的午餐。

回到戰場，心念很重要。與其不快樂地工作，不如快樂地工作。因為快樂才有可能帶動團隊氛圍，把工作做好變成贏家；如果成天計較事多錢少、工作繁重、賺得沒有以前多，你不快樂，團隊就沒有士氣，很可能變成輸家。贏家取得多數資源，清風明月；輸家裁員減薪，命運悲慘。提劍重出江湖，當然要做贏家。想成為贏家，至少先把贏家的心情準備好。

香港首富李嘉誠說：「先處理心情，再處理事情。」對於很多中年人而言，如何安排五十歲以後的人生，這是一個必須細細思考的議題。一旦站上舞台，就盡情演出吧！愉快才有可能勝任，勝任才可以長久。

務實真心話

工作很悶，不工作更悶，所以還是工作吧！回到戰場，心念很重要。與其不快樂地工作，不如快樂地工作。因為快樂才有可能帶動團隊氛圍，把工作做好變成贏家。

回憶萬歲

回憶確實是好商品

台北市赤峰街一家機車行門口，停了一排偉士牌舊機車（簡稱老偉士）。這些車儘管年代久遠，但不是報廢車，它們是有行情的。車行師傅將這些老爺車更換零件、鈑金烤漆後轉賣出去，市場一直有人接手。

買老偉士的人通常不是為了貪便宜，他們買的是懷舊。車友都知道，老爺車比新車難搞多了，零件不好找，只有老師傅會修，不敢騎太遠（你絕對不會騎老偉士去環島）。但是一群新機車和一輛老偉士停在路口等紅燈時，你一定會先看到那輛老偉士，這就是老爺車的魅力。回憶如此美麗。

偉士牌是機車的雙B等級。我有些朋友現在開雙B，他們年輕時騎的就是偉

12/11 2016

士牌，載女朋友上陽明山，再從金山轉台二線到淡水。偉士牌伴隨他們的人生，山嵐海風。等到人生過了半百後，他們就去赤峰街找一輛老偉士，還堅持買同一型的檔車，弄得漂漂亮亮的，供奉在地下室停車場，天氣好時騎出去逛逛。

回憶確實是好商品，不只機車、汽車，連房地產也是如此。有人永遠記得自己發跡的地段，不只「起家厝」不賣，甚至還回頭加碼，例如台北市中山區、中正區、北投區都有類似的回頭買盤，這樣的買盤通常瞄準大坪數、高總價的三代同堂全齡宅。「老區新宅」和「老客新買」是房地產的另類現象，有建商專推這種房型，戶數不多，專賣給老客戶。

男人和女人不同，女人浪漫，男人懷舊。女人追求時尚，祈求青春永駐，但是男人喜歡在骨董圈裡找尋自己，回想年輕的歲月。看看那些機車行、錢幣社、骨董拍賣會和老爺車俱樂部，大部分是男人在走動，一擲千金，面不改色。對於男人而言，人生通常只有八、九十歲，但是回憶萬萬歲。

女人期待男人眷顧，而男人在漫長的人生旅途之中，不斷回頭看著自己。

務實真心話

女人追求時尚，祈求青春永駐，但是男人喜歡在骨董圈裡找尋自己，回想年輕的歲月。對於男人而言，人生通常只有八、九十歲，但是回憶萬萬歲。

三十歲以後的長相

快樂的核心就是「放輕鬆」

菜市場賣章魚燒的攤位，攤主很輕快地操作每一個細節。她已經三十多歲了，看起來比實際年齡少十歲。心地善良輕鬆、生活規律的人，才可以如此駐顏有術。

每個人都有不同長相，三十歲以前的長相跟遺傳有關，有其父必有其子，漂亮的媽媽生出漂亮的女兒。但是三十歲之後的長相跟生活有關，古人說「相由心生」，一個人的性情表現在臉上，尤其是眼神。用現代的語言來說，生活寫在臉上，你過得如何、快不快樂，完全反映在長相。三十歲以後，每個人為自己的長相負責。

王學堅 1/8 2017 1/620

以體重為例，現代人喜歡喝含糖飲料，三餐多油多鹽。一年胖一公斤看起來不多，但如果累積二十年就是胖二十公斤，絕對可以把一位清癯正妹變成肥油大嬸。前一陣子，我們大學時代的社團成員聚會，當年那些清麗的靚妹帥哥，有一些就變成胖叔胖嬸，拍照時怎麼喬都喬不攏，修圖軟體都幫不上忙。

生活正不正常？有沒定期運動？四十歲以前看不出來，四十歲以後一定看得出來。台灣有一句俗諺：「四十歲進前（以前）糟蹋身體，四十歲以後呼（被）身體糟蹋。」所有的任性和不規律，在四十歲以後就會轉為病痛。我常常跟年輕的朋友說，三十歲以前天生麗質，但三十歲以後一定要每星期運動三到四次，培養良好的體魄，為四十歲以後的人生累積本錢。

還有心情很重要，心是生活的核心。心存善念，每天輕鬆片刻，凡事正向思考。我有一個醫生朋友跟我說：「吃喝玩樂不會得癌症，癌症的真正起因是長期的壓力和不快樂。」

快樂的核心就是「放」。工作放輕鬆，生活放輕鬆，舉重若輕，工作如同琴棋書畫，愈是放，愈容易做得比別人好。

務實真心話

一個人的性情表現在臉上，尤其是眼神。用現代的語言來說，生活寫在臉上，你過得如何、快不快樂，完全反映在長相。三十歲以後，每個人為自己的長相負責。

國家圖書館出版品預行編目 (CIP) 資料

人生需要經營，也要適度放過自己 / 王學呈 著 --
初版 . -- 臺北市 : 商周出版 : 家庭傳媒城邦分公司
發行 , 2019.6
面；　公分
ISBN 978-986-477-683-2（平裝）

1. 人生哲學 2. 生活指導

191.9　　108009288

人生需要經營，也要適度放過自己

文圖作者　王學呈
責任編輯　徐藍萍

版　　權　黃淑敏、吳亭儀、翁靜如
行銷業務　莊英傑、王瑜、林秀津
總 編 輯　徐藍萍
總 經 理　彭之琬
事業群總經理　黃淑貞
發 行 人　何飛鵬
法律顧問　元禾法律事務所 王子文律師
出　　版　商周出版　台北市 104 民生東路二段 141 號 9 樓
電話：(02) 25007008　傳真：(02)25007759
E-mail：ct-bwp@cite.com.tw　Blog：http://bwp25007008.pixnet.net/blog
發　　行　英屬蓋曼群島商家庭傳媒股份有限公司城邦分公司
台北市中山區民生東路二段 141 號 2 樓
書虫客服服務專線：02-25007718　02-25007719
24 小時傳真服務：02-25001990　02-25001991
服務時間：週一至週五 9:30-12:00　13:30-17:00
劃撥帳號：19863813　戶名：書虫股份有限公司
讀者服務信箱 E-mail：service@readingclub.com.tw
香港發行所　城邦（香港）出版集團有限公司　香港灣仔駱克道 193 號東超商業中心 1 樓
E-mail: hkcite@biznetvigator.com　電話：(852)25086231　傳真：(852)25789337
馬新發行所　城邦（馬新）出版集團 Cite (M) Sdn Bhd
41, Jalan Radin Anum, Bandar Baru Sri Petaling, 57000 Kuala Lumpur, Malaysia.
Tel: (603) 90578822　Fax: (603) 90576622　Email: cite@cite.com.my

封面設計　張燕儀
內頁設計　洪菁穗
印　　刷　卡樂彩色製版印刷有限公司
總 經 銷　聯合發行股份有限公司　新北市 231 新店區寶橋路 235 巷 6 弄 6 號 2 樓
電話：(02) 2917-8022　傳真：(02) 2911-0053

■2019 年 6 月 27 日初版
■2019 年 11 月 19 日初版 6 刷
定價 380 元

城邦讀書花園
www.cite.com.tw

Printed in Taiwan

　ISBN 978-986-477-683-2